中国农民田间学校

需求与效果评估

主　编：王德海　吴建繁　朱　岩
副主编：张丽红　魏荣贵
编　者：王德海　吴建繁　朱　岩　张晓晟　王铭堂
　　　　张丽红　魏荣贵　潘卫凤　黄　杰　张明明
　　　　吴文强　曾剑波　赵万全　孙　超　谷培云
　　　　焦雪霞　姚金亮　国　洋　杜惠玲　吕　建
　　　　池美娜　张卫东　王书娟

中国农业出版社

图书在版编目（CIP）数据

中国农民田间学校：需求与效果评估 / 王德海，吴
建繁，朱岩主编 . —北京：中国农业出版社，2017.10（2019.5 重印）
ISBN 978-7-109-19450-2

Ⅰ.①中… Ⅱ.①王… ②吴… ③朱… Ⅲ.①农业技
术－农民业余学校－研究报告－中国 Ⅳ.①S-40

中国版本图书馆 CIP 数据核字（2014）第 176171 号

中国农业出版社出版
（北京市朝阳区麦子店街 18 号楼）
（邮政编码 100125）
责任编辑 闫保荣 刘明昌

中国农业出版社印刷厂印刷 新华书店北京发行所发行
2017 年 10 月第 1 版 2019 年 5 月北京第 2 次印刷

开本：700mm×1000mm 1/16 印张：17
字数：270 千字
定价：35.00 元
（凡本版图书出现印刷、装订错误，请向出版社发行部调换）

农民田间学校不仅是一种参与式的推广方法,同时也是一种参与式的培训方法。与国际农民田间学校一般模式比较起来,北京农民田间学校在管理方式和工作方法上都做了许多创新性的尝试。从某种意义上可以说,北京农民田间学校的建设与发展过程是一个在党和政府农村改革的一系列政策和新农村建设目标的指导下,从参与式理念出发,不断强化以需求为导向的农业和农村发展的认识基础,创造性地探索两种方法,即农民需求调研方法和农民田间学校评估方法的过程。本书通过将有关农民需求调研和农民田间学校培训效果评估的方法以报告汇编的形式出版,试图向读者说明北京农民田间学校发展之前和发展过程中需求调研方法引入的历史足迹以及对农民田间学校评估方法探索的过程和结果。

通过整理和总结这些调研和评估报告发现,近些年来,开展需求调研和培训过程和效果评估确实花了我们很多时间和精力。应该说,与传统工作方法比较,我们实际上开展了农业推广和农民培训工作方法上的创新。如果进一步对所经历过的需求调研和评估更深入地思考,尤其对于在农业部门工作的干部和农业技术推广人员来说,在开展农业推广和农民培训方法创新的同时,更多的应该是一个学习过程,是方法论背后的价值观的重塑,这种指导需求调研和效果评估方法的价值观集中反映到一个重要而且不可回避的问题上，那就是：作为从事农业和农村发展的干部和农业推广人员，应该如何认识农业、农村和农民？

20 世纪 70 年代末所发生的以联产承包责任制为代表的中国农村改革，标志着整个国家从计划经济向社会主义市场经济的社会经济转型的开始，同时，也使"三农"问题逐渐成为了社会焦点。对"三农"问题的解读有很多，从学术研究的视角看"三农"问题、其核心是农业的效率问题、农村的就业问题和农民的权利问题。这三个问题是相互联系的，涉及中国农村发展模式的变化。诚然，从根本上解决这三个问题将是一个长期的任务，需要方方面面的努力。

就"三农"的三个核心问题而言，我们这里暂且不谈农业效率和农村就业，只将农民权利作为切入点加以讨论。回顾我国农村改革进程，就农民权利而言，根据一些学者的研究，应该包括农民的土地财产权利，农民的劳动就业权利以及农民的民主选举权利等农民权利的变革。从政策层面看，对农民权利的重视实际上表现为通过保障农民权利来不断调节国家和农民的关系。如果将视线转到农业部门或农业系统内部，国家和农民的关系也可以理解为农村干部、农业政府部门和农业技术推广人员与农民的关系问题。当我们认真反思后会发现，在我国计划经济时期的很长一段时间，这种关系被固化为一种自上而下的行政命令和被动接受，上级指挥与下级服从的关系，这种关系无意识地强化了官僚思想意识，渐渐形成了自上而下的工作习惯，形成了政府自上而下地安排培训活动与推广技术，漠视农民的问题与需求，在社会主义市场经济替代计划经济，农民不再简单的是劳动力而成为自己家庭生产和生活的决策者的时候，继续延续那种惯性的以传者为中心的支配型发展策略的结果使得原有的问题变得更加突出，那就是农村早已存在的科技成果转化率低，技术转移"最后一公里"不能解决的问题。

与我国农村改革有一点巧合，也是在 20 世纪 70 年代，来源于国际农村发展实践的参与式理论也逐渐发展了起来。该理论也常常被认为是一种理念，它强调人与人之间的信息分享、身份平等、公平对话。对某公共事件而言，所有与事件有关系的人或组织被称为利益相关者，所有利益相关者都应该享有信息获取、问题分析、计划制定、资源分配、重要决策等的权利。因此，参与式理念中的参与不仅是指参加，参与的核心是对弱势群体的赋权。从政治学的视角出发，农民田间学校被认为是参与式理论在技术转移和农业推广与成人教育实践中的具体应用，是向弱势群体赋权的行动。

如何理解赋权呢？首先，与上述权利不同，权利是指公民或法人依法行使的权力和享受的利益，而赋权中的"权"是指权力，是政治学中的概念，是指个人或群体在职责范围内的支配力量，或者说，权力是通过支配人们的环境以追逐和达到目标的能力。其次，从某种意义上来说，权力可以分为三种：个人权力、社会权力和政治权力。个人权力指得到某人需要的东西的能力；社会权力指影响他人如何思考、感受、行动或信任的能力；政治权力是指在社会系统（家庭、组织、社区、社会）中，影响资源分配的能力。因此，简单地说，"赋权"就是指赋予或充实个人或群体的权力，挖掘与激发人的潜能的一种过程、介入方式和实践活动。这里的"权力"是指个人或群体拥有的能力，是对外界的控制力和影响力。在现实生活中，由于社会利益的分化和制度安排等原因，处于社会底层或社会边缘的弱势群体往往缺乏维权和实现自我利益主张的权力和能力。需要强调的是，赋权概念的假设前提在于：赋权者承认被赋权者有他们应该有的权力，只是由于种种原因，这种权力被削弱了。总之，对赋权价值的认识是充分实现人类需要、促进社会公平、正义，消除各种歧视、强调人的自我决策和自我实现。

从社会学和农村发展的视角看待农民，在社会分层中，农民属于弱势群体。一般认为，我国农民勤劳、朴实、善良、率直，但文化水平低，对接受新生事物方面往往表现为比较保守。然而，常常被人们忽略的是，虽然农民文化水平低，但农民有自己特有的丰富经验和乡土知识，保守的背后实际反映的是本身具有的可支配资源的有限性和缺乏承担基本风险的社会保障。正是因为这个原因，对农民的赋权实际上意味着应该创造赋予农民在农村发展过程中行使自己权力的环境条件，这些权力包括知情权、表达权、参与权、讨论权、分析权和决策权。因此，从作为参与式核心思想的赋权理论认识出发，农民应该有对所在地区的生产发展和基本需求表达的权力和机会。

从农业知识和信息系统的信息传播链的视角出发，农业科技成果转化与推广中的问题更集中地表现为自上而下的信息流不畅和自下而上的信息流的驱动力不足，也就是说，我国农业技术转移和农业推广中的问题集中表现为研究、推广和应用之间的联系度低和农民对技术推广过程的控制力差这两个问题上。自上而下的信息流不畅的问题在于农民需求得不到满足；自下而上的信息流的驱动力不足表现在农民有效需求的表达不能完全实现。

对农业知识和信息系统的管理的研究发现，研究、推广和应用者是在一定的社会系统中具有相互控制和相互适应的关系。对于知识和技术的是否应用，作为应用者是有权力的。技术应用者对系统的控制权力通常也称为使用者控制力。因此，加强研究与推广的影响不是强化推广的干预权力（intervention power）或者研究的信息产生权力（information generating power），而更多的是设计出一套系统，在这套系统中，推广和研究中的那些潜在目标客户能够对推广和研究行使"制衡权力（countervailing power）"。这种制衡权力或抗衡力是指技术使用者在农业知识和信息系统中应该有其相应的位置，在研究和推广人员有传播（在他们自己认为是）新技术的权力的同时，农民也应该有（在他们自己看来这种技术并不适合当地情况）不接受或拒绝使用新技术的权力。这种对技术传播的制衡力就是前面所说的使用者控制力。

一个完整的农业知识和信息系统的组成角色不仅包括研究工

作者、教育工作者、推广工作者和农民，也还应该包括消费者、农业企业、政策制定者等。政府官员可以对农业知识和信息系统运行的政策环境施加影响是不可低估的，一个地区的农业知识和信息系统的完善在很大程度上取决于政府对技术应用者赋予权力的意愿和做法。在农业知识和信息系统的管理中不仅需要加强干预力（自上而下或从外到内），也应该注重培养目标群体的抗衡力，最理想状态是实现在干预能力和抗衡能力（自下而上或从内到外）之间的平衡。自上而下策略的顺利实施必须先要有自下而上能力的建树作为前提，同样，干预影响的效果需要以干预力和抗衡力之间的平衡为前提。

农业研究人员和农业推广人员通过研发、推广农业新技术，对农村人口的能力建设活动，实现唤醒和强化农民自己对当地资源的拥有感、责任感、组织能力和自我发展能力的社区发展目标。要做好这项神圣的工作，首先需要有对农民尊重，与农民平等的基本态度，承认农民是一个有着自己的独立思想，对事物有自己的独立视角的价值判断，有自己的特定需求的群体，这种思想、判断和需求有其客观合理性，与外来者相比，当地的农民的认识更接近农村社区和农业生产实际。这样看来，推广人员对农民所开展的能力建设表面上看是为了提高农民所需要的专业技术知识或技能，但实际上，从人力资源开发的意义上说，是在培养农民的制衡力，或者说，是对农民在技术转移过程中的使用者控制力和影响力的培养。通过对这种控制力和影响力的培养，农业推广对象才能够从一种消极被动的应用技术推广人员推广的技术的角色转化为积极主动而有效地要求推广和研究机构为他们服务的角色。

综上所述，需求调研和农民视角下的培训效果评估方法来自于对农民的自身知识和独立人格的价值认同和对农民作为一个发展主体的基本思想认识。也正是基于对上述我国农村改革、"三农"问题、参与式发展和农业知识与信息系统等理论的认识，同时也为了落实党中央新农村建设等一系列农村发展政策，北京市农业局决定与中国农业大学人文与发展学院合作在北京市农村开展一系列以农民需求为导向的农村工作方法和农民田间学校过程和效果评估方法的探索。这种探索过程可以划分为四个阶段：①起源于将参与式的理念和参与式农村评估（participatory rural appraisal）的方法引入北京市农业管理系统；②倡导和鼓励农业科技干部和农业技术推广人员积极开展旨在提高对农民这一农村发展主体的认识，通过沟通改善与农民的关系，加强农技推广队伍建设，改革农村工作方法的农民需求调研；③将需求调研作为制订培训计划的必要前提，纳入农民田间学校的开办程序中；④在积极开展农民田间学校的同时，对农民田间学校认真开展农民视角下的过程和效果评估。这是一种开拓性的努力，通过这种努力，使参与式农村工作方法植根于农业干部和农业技术推广人员的头脑中，成长于他们的认识里，体现在他们的自愿行动中。目前，使人高兴地看到，这种参与式的方法已经被越来越多的人所认同和应用，并已成为农业技术推广人员在工作总结、项目申报和发表文章等材料中的重要内容和自然的表达方式。

通过开展农民需求调研，开办农民田间学校和进行农民田间学校的过程和效果评估，我们体会到，农业推广人员开展农业推广工作不仅是指开展试验示范活动，也不仅是指为农民讲课，对农民进行田间技术指导，其实，认真地开展农民需求调研本身也是农业推广工作的组成部分，而且，与直接推广新技术比较起来，需求调研和效果评估是农业推广人员必须学会的方法、必须掌握的工具。我们愿意读者与我们都能够有一个共识，花时间在需求调研和推广培训评估上面是更重要的农业推广培训工作。

为了比较全面而完整地介绍在这一时期所开展的调研与评估方法，本书选编了与需求调研和效果评估相关的七个报告。需求调研报告的意义在于农民参与区域发展，农民田间学校过程评估报告的意义在于农民培训规范化。需要进一步强调的是，本书的目的不是向读者介绍书中某个报告所得的数据和相关信息，作为

《中国农民田间学校》的系列丛书之一，作者的本意是想通过这种报告汇编的形式，再现参与式理念和农民田间学校引入和发展过程，向读者传达一种以农民为中心，以需求为导向的思想，共享参与式工作方法的理念。

报告一：《北京市农村社区发展基线调研报告》。由于这个报告是基于对北京市大兴县薄村的调查而完成的，因此也称薄村报告。这个报告记录了2005年开始对农业干部和技术推广人员开展参与式农村评估培训，在培训基础上，选取一个京郊农村作为实践训练，从而通过运用参与式调查方法，对一个村农业发展现状了解和分析从而得到基本结论的整个过程。本次调研参加者包括中国农业大学学生（博士、硕士、本科生）、北京市农业局科教处有关人员及北京市植物保护站、北京市技术推广站、北京市畜牧兽医总站、北京市农机试验鉴定推广站、北京市水产技术推广站等共26名科级以上干部及有关技术人员。这次调研使调查者第一次有机会对参与式理念和方法进行学习和实践，取得了比较好的效果。

报告二：《北京市农业生产发展农民需求调研报告》。这个报告反映的是在薄村调查的基础上，于2006年开展地比较大规模和比较规范化的一次需求调研活动，阐述的是对农村、农业和农民现状、问题、需求的基本发现。本次调研的目的是，通过调研，发现阻碍农村、农业和农民在实现生产发展、生活宽裕等方面所面临的问题，了解他们在提高生产发展过程中的所需、所想、所盼，听取农民对存在主要问题的看法、想法和解决问题的具体意见和建议，从而进一步明确农业部门提供服务的重点和关键点，有针对性地凝聚科技、信息、市场、资金、管理等资源，加快农民发展生产瓶颈问题的解决，促进公共财政有针对性地向农村倾斜，按照农民意愿和农民需求推进新农村建设。本次调研选择京郊大兴区14个村和延庆县10个村作为平原和山区的代表样本。根据产业类型划分，以种植业为主的村共有8个，包括设施、露地栽培的蔬菜、西甜瓜、甘薯及粮食等产业；以畜牧养殖业为主的村5个，包括奶牛、商品猪、蛋鸡等产业；以农业二、三产业为主的村5个，包括民俗旅游和土地流转等。此外，种养结合或产业特色不突出的村有6个。按照调研目标，市农业局组织局属有关单位和部门、大兴和延庆两区县及镇村等领导和技术人员，依托中国农业大学的技术支撑，形成由大学教授、行政技术管理人员、市区县推广技术人员和大学在读的博士、硕士研究生以及大学生等50多人构成的调研团队。涉及种植、畜牧、农机、旅游等4个行业，10多个专业领域，调查和访谈农民共803名，其中参加座谈的农民710名，入户访谈农民93户。市、区县、镇村有100多人参与调研前期、中期和后期的组织、落实、协调、调研、座谈、回访、讨论及编辑等。2006年2—8月，历时7个月，经过方案制定、方法培训、实地调研、回访补充、报告编写、反馈修改等阶段，最后完成了24个村的村级报告、两个区县级报告（大兴和延庆）、部分产业专题报告和市级调研总报告（本书仅选用了总报告）。通过运用参与式方法开展的这次调研活动，使参与座谈的农民与调查人员之间拉近了距离，调查人员从农民那里获得了很多真实的想法，掌握了大量的第一手资料。通过调研发现，农民在生产发展中存在的许多问题与农民的需求是相关的，处于不同富裕程度、从事不同产业类型的农民所存在的问题和需求是有区别的。通过本次调研，使我们对过去已经熟悉的生产问题有了更进一步的认识，同时农民反映出的许多对当地农业生产问题的看法和解决问题的想法对于农业服务部门今后如何瞄准问题，调整工作思路，改进工作方法有很大的帮助并产生了很大的影响。

报告三：《求贤村社会主义新农村建设农民需求调研报告》。大兴区榆垡镇求贤村是2007年北京市新农村建设重点示范村，是市委、市政府确定的2008年农口系统新农村建设市农业局重点联系村。为全面掌握该村新农村建设的整体发展现状，摸清农民在新农村建设中的生产、生活以及科技服务需求，以制订农业局具体帮扶方案提供科学依据，于2008年8月14日组织开展了本次调研。与上述调研不同的是，本次调研采用的是农村参与式评估方法中的小组访谈形式进行的。在进村调研前，收集了必要的二手资料，制定了详细的调研访谈提纲。由于求贤村蔬菜种植是主导产业，访谈农民选择以蔬菜种植户为主。为详细了解农民对村基础设施建设、主导产业发展、农民生产技术水平和培训等方面情况，将访谈农民分成三组：干部组（由4名村干部参加），19名农民分成两组进行。访谈采用了半结构访谈、头脑风暴、问题收集、打分排序、机构联系图等工具。对村干部和农民的访谈用了半天时间，三个调研小组利用半天时间共同交流讨论并分析调研结果，以小组为单位分别撰写小组调研报告，在此基础上形成调研总报告。本次调查虽然用的时间不长，但由于采用农民小组访谈方法，效率很高。调查组不仅了解了农民对新新农村建设的意见和建议，也对该村的主导产业发展、技术服务和农民培训情况有了比较全面的认识，尤其是明确了农民的意见，这对进一步有效开展新农村建设活动和基本政策的制定会起到重要的作用。

报告四：《农民田间学校农民需求调研报告》。如前所述，在开办农民田间学校之前认真开展需求调研是北京市农民田间学校的一个明显的创新点，它有助于农民培训计划与实施的规范化，保证培训过程和结果的有效性。同时，农民田间学校需求调研也是北京市农业局在前几次开展社区发展、产业发展和新农村建设需求调研的基础上得出的一个重要决策。这项决策就是为了有效地制定农民田间学校培训计划，要求辅导员在农民田间学校开始之前首先要认真开展农民需求调研，然后根据农民需求调研的结果制订初步培训计划方案。本报告实际上是三个分报告的汇编，具体包括《养猪农民田间学校需求调研报告》《番茄农民田间学校农民需求调研报告》和《西兰花农民田间学校农民需求调研报告》。这三个报告分别由不同农民田间学校辅导员撰写而成。所选取的三个报告虽然比较简单，也许还不是非常规范，但反映了北京市辅导员开展以农民需求为导向的农民田间学校的真实情况，对于开始学习举办农民田间学校的辅导员特别是对于辅导员如何开展需求调研有一定的参考价值。

报告五：《农民培训过程分阶段系统化评估方法研究报告》。为了提高农民田间学校培训质量，促进培训规范化，作者对农民田间学校评估方法进行了实证研究。本项研究通过对北京市实施的农民科技培训项目和农民田间学校培训等不同农民培训项目的实证调查，从培训需求评估、培训过程评估、培训效果评估和培训影响评估四个方面探讨培训评估方法。本报告在讨论农民培训现状，分析农民培训存在的问题的基础上，提出了农民培训评估从点到线变化的观点和农民田间学校培训过程分阶段系统化评估的基本理论和方法。本报告的主要内容包括目前农民培训采用的培训模式、目前农民培训采用的培训评估方法、农民培训分阶段系统评估框架和农民培训过程评估指标和评估方法。在报告的最后提出了农民培训过程分阶段系统评估的指标体系，用于农民田间学校内部评估的培训过程评估打分表和培训学员小组评估表，用于外部评估的培训过程中现场评估打分表和一个农民培训系统化跟踪评估的案例。

报告六：《农民培训模式分阶段系统比较评估报告》。本报告是基于农民培训过程评估框架所开展的培训效果评估研究报告。研究的基本思路是以北京市各郊区县所开展的不同农民培训类型（科技入户培训、新型农民培训和农民田间学校）为对象，采用参与式调研方法进行调查，然后加以比较分析，最后得出基本结论。本报告分别反映了不同培训类型农民培训在农民需求调研、培训计划、培训实施和培训效果方面所得出的评估结果，从而得出与其他形式的农民培训比较，农民田间学校的培训效果更好，田间学校好的培训效果来自于培训过程中有效的知识信息传播链的重要结论。在报告的最后，对如何关注农民培训过程中发现的问题和进一步加强对农民田间学校北京模式提出了具体建议。

报告七：《农民田间学校培训效果评估报告》。本报告是基于现代农业产业技术体系北京市创新团队成立之后，为了进一步了解农民田间学校的培训效果，结合现代农业产业技术体系北京市创新团队中期评估活动所开展的农民田间学校培训效果的评估。在2012年的评估活动中，现代农业产业技术体系北京市创新团队推广评估研究室选取了20个村作为调研点开展农民田间学校培训评估，了解农民田间学校培训对农户生计产生的影响。评估目标是了解农民田间学校的组织、技术服务、培训方法和农民对田间学校的评价，为总结农民田间学校的办学经验，进一步加强农民田间学校建设提供依据。本次评估所得出的结论：①农民田间学校活动日一般为12次以上，100％的农民学员对所参加的培训活动都在基本满意以上；②农民获取知识的主要渠道是农民田间学校，尤其在种植业上表现突出；③50％以上的农民对田间学校学员对农民田间学校所提供的技术服务在数量和质量上有提高；④农民田间学校提高了农技人员的服务意识和工作能力；⑤农民田间学校使农民的知识技能有比较明显的提高；⑥农民田间学校有助于农民在生产过程中减少农药化肥的施用量，实现降低成本和保护环境的目标；⑦农民田间学校的培训有助于农民发现问题、分析问题和自我解决问题能力的提高。

目录

一、北京市农村社区发展基线
调研报告（薄村报告）

1 前言

1.1 基线调查的背景

为了落实中央文件精神，切实将农业、农村和农民问题放在优先位置来考虑，将中央关于解决"三农"问题的政策落到实处，切实做到加强"三农"的决心不动摇，扶持"三农"的力度不减弱，强化"三农"的工作不松懈，把党的政策不折不扣地落实到千家万户，实现好、维护好、发展好农民群众的物质利益和民主权利，探索增加农民收入的新途径，开创农业和农村工作的新局面，促进农业综合生产能力登上新台阶，实现市委市政府关于将北京市农业向都市化农业、生态农业和现代化农业的发展设想，同时对现阶段北京市农村地区有一个全方位的认识，为以后制定具体发展规划奠定基础。北京市农业局决定与中国农业大学人文与发展学院合作在北京市农村开展社区发展基线调查。

基线调查是采用一定合理调查方法对所调查社区的社会、经济、文化等各方面进行多方位、综合性的基础调查，是一切项目活动开展得基础性工作，是实现上述目标的具体活动，决定着项目计划的设计，项目活动的开展和监测评价工作的进行。开展好基线调查，有助于项目设计的合理性和准确性，有助于合理利用当地资源开展社会、经济、生态可持续性的社区发展活动。

1.2 基线调查的目标

在北京市农村开展社区发展基线调查的主要目的：①为在北京市郊区县的现有条件下启动以后将要集中开展的项目活动创造条件；②收集可用于随后实施的项目活动的信息，使将要开展的项目活动更加符合当地的社会经济状况；③为监测评估体系的建立提供可对照的本底材料；④开展社区发展动员；⑤与当地农民开始形成参与式的工作关系并与相关的组织机构开展参与式农村工作方法的能力建设。

1.3 基线调查方法

整个基线调查采用的是问卷调查与参与式农村评估方法（PRA）相结

合的方式，并在调查过程中采用外来专家与当地人员相结合的工作方法，以便能更多、更准确地收集社区信息。在农村社区中，很多经济发展的问题不仅仅只受诸如经济投入等方面因素的制约，还往往受到社会、文化等方面其他因素或事件的影响，而以往的"见物不见人"的工作方式使我们在发展过程中走了很多弯路。因此，全方位、深入地获取社区各方面的信息，不仅有助于我们深入了解社区发展的制约因素，而且有助于以后项目实施的顺利进行。另外，为了收集更多的与项目活动有关的信息，除了采用以上方法进行社区农户调查外，还采用二手资料收集结合机构访谈的方式进行机构调查。在数据资料的录入及分析方面运用 SPSS 以及 EXCEL 软件进行。

PRA 方法起源于 20 世纪 80 年代末、90 年代初，是一种调查和被调查者共同设计的鼓励双方共同参加的调查方法，它的理论依据是认为专家是万能的传统观点是错误的，其实农民并不是无知的，最能了解农民的恰恰是农民自己。它的核心是以人为本，与目标群体交流、沟通，使他们主动参与对有关信息的讨论、分析，进行决策的过程。因此，从一定意义上讲，PRA更多的是一种"工具箱"，根据不同的工作目的、内容、要求，从中挑选，结合不同的工具。具体使用的方法工具主要有：查阅二手资料、直接观察、半结构访谈、画图、作模型、图解法、排序打分等。目前国内已经开始引进使用该研究方法，主要是中国农业大学国际农村发展中心（CIAD）广泛采用了这种方法，并取得了大量成功的案例经验。

由于调查队伍的大部分人过去没有接触过 PRA 工具，因此，整个调查过程将分为两个阶段进行。第一阶段首先进行 PRA 方法的培训和预调查，让大家初步掌握 PRA 方法，同时根据调查情况对调查问卷进行调整；第二阶段是在第一阶段调查反馈修改基础上进行大面积的铺开调查，在此过程中，根据情况可以适当安排 PRA 的巩固培训和调查问卷培训。

1.4 关于预调查的说明

由于本报告数据主要来源于预调查过程，因此，有必要对整个预调查过程进行一个简单的描述。

1.4.1 预调查目标

鉴于北京市农村面积较大，所涉及范围较宽，各地经济发展各不相同，为了顺利有效地开展北京市农村社区发展的基线调查，经与北京市农业局科教处讨论决定首先进行预调查活动。通过预调查主要达到 4 个目标：①调整调查内容；②修订调查问卷及访谈提纲；③完善调查方法；④确定调查工作量。

1.4.2　预调查的组织过程

经过北京市农业局科教处与中国农业大学人文与发展学院共同商定，预调查时间定于 2005 年 7 月 15—16 日。调查地点定于大兴区黄村镇薄村。调查小组成员主要包括农大学生（博士、硕士、本科生），北京市农业局科教处有关人员，北京市植物保护站、北京市技术推广站的蔬菜室、玉米室、粮作室、肥料室及北京市农机试验鉴定推广站，北京市水产技术推广站等有关人员，共 26 人。

具体时间和活动安排如下：

15 日对调查组成员进行为期一天的 PRA 培训。主要培训内容包括社区资源图、机构联系图、利益相关群体分析、家庭每日活动图、家庭经济状况排序、问题分析、大事记、半结构访谈、排序以及结果反馈矩阵等。

16 日上午全体调查人员统一进入农户进行入户调查。16 日下午将调查分为两组进行，一组对上午入户调查情况进行基本总结，并结合调查情况对调查内容、调查问卷进行修改，同时对一部分调查人员进行进一步的 PRA 培训；另外一组采用 PRA 方法进行农户小组访谈。

1.4.3　调查员的培训

（1）培训目的。使学员对 PRA 的理念有正确全面的认识，能以 PRA 的思路对农村工作进行思考并有意识地把这种理念融入相关工作；使学员初步了解 PRA 的各种工具，能初步地使用工具；在实践中检验，找到不足之处并及时调整。

培训者：中国农业大学人文与发展学院王德海教授。

受训者：农大学生（博士、硕士、本科生），北京市农业局科教处有关人员，北京市植物保护站、北京市技术推广站的蔬菜室、玉米室、粮作室、肥料室及北京市农机试验鉴定推广站、北京市水产技术推广站等有关人员，共 26 人。

（2）培训内容。培训内容包括调查前和调查中的相关内容。概括如下：①介绍 PRA 的概况、理念和内涵。②具体工具的学习和使用。重点介绍了社区资源图、问题分析、季节历、优劣势分析、家庭每日活动图、贫富排序、大事记、性别分析图、半结构访谈、机构关系图等工具。③通过实地调查练习了 PRA 工具的使用，并测试了调查问卷存在的问题。④

示例的形式介绍了分析问题的新思路。通过各自填写卡片的方式实现头脑风暴式的研究并分析问题，同时接收了学员对此次调查的反馈信息。⑤对农户访问的调查问卷进行学习、讨论和修改。⑥在此次活动结束后召开内部研讨会进行总结和分析，及时归纳调查的成果和需要改进之处，在原则性问题和一些具体问题上达成了一致，为今后的工作更好地开展打下了坚实的基础。

2 调查区概况及相关分析

薄村位于北京市大兴区黄村镇孙乡村。交通便利，路况较好，村内道路全部硬化，硬化入户率达到 100%。经济发展较早，从 1996 年、1997 年开始起步，通过村子自办企业出租及将土地承包给企业的形式收取租金，约出租土地 350 亩*，年收租金 135 万元。这部分资金 70% 用于村福利。

2.1 土地利用情况

从表 1 可以看出，该村中土地主要以耕地和企业用地为主，其次是住宅用地。薄村土地总面积 1 117.3 亩，其中企业用地约占全村总体土地面积的38%，耕地约占 43%，居民住宅约占 14%，林地约占 5%。薄村的第二、第三产业应该非常的发达，因为企业用地占全村 1/3 以上的土地。据调查，全村共有 27 家企业，这些企业主要从事生产加工活动，每年吸收村中劳动力 35 人左右。这必然带动薄村经济的发展和农民生活水平的提高，也决定了村居民生产生活方式的多样化。

表 1　土地利用状况

单位：亩

全村总体土地面积：1 117.3				平均每人耕地面积：0.944 4 亩				
耕地		企业用地	荒地	林地	住宅	果园	荒山	鱼塘	其他用地（注明）
水浇地	旱地								
487.3	无	422	无	52	156	无	无	无	无

资料来源：社区基本情况调查问卷（主要是薄村领导填写问卷的数据整理）。旱地的数据资料应该进一步核实，因从农户调查问卷农民的耕地中有旱地的成分。

---

* 亩为非法定计量单位，1 亩＝1/15 公顷。——编者注

2.2 人口基本状况

表 2 人口基本状况

总人口数（人）	农业人口（人）	男性	女性	非农业人口（人）	男性	女性	女户家庭数（户）	汉族（人）	满族（人）	回族（人）	其他民族（人）
516	433	210	223	83	70	13	不确定	均为汉族	无	无	无

资料来源：社区基本情况调查问卷（薄村领导填写问卷的数据整理）。

表 3 文化素质状况

文化程度	文盲	小学	初中	高中	高中以上
人数	6	110	200	120	80
比例（%）	1	21	39	23	16

资料来源：社区基本情况调查问卷（薄村领导填写问卷的数据整理）。

全村总人口 516 人，均为汉族，其中农业人口 433 人（男性 210 人、女性 223）、非农业人口 83 人（男性 70 人、女性 13 人）。文化程度状况：小学的约占 21%、初中约占 39%、高中约占 23%、高中以上文化程度的约占 16%。分析得出，农业人口占全村总人口的 84%，男女比例相当；非农业人口占全村总人口的 16%，男性约为女性的 5.3 倍。从图 1 可以看出，薄村的文盲率相当低，大多数人都具有小学以上的文化程度，其中初中所占的比例最高，其次是小学和高中，再次是高中以上。

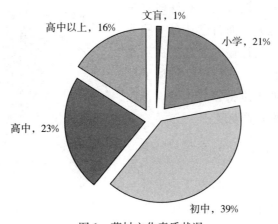

图 1 薄村文化素质状况

2.3 生产经营方式

表 4 中的纯农户指单纯靠种地来维持生计；兼营户是指除种地外还做一些生意（主要指做一些买卖，无固定场所、倒卖倒卖活动）；劳务户指家庭的经济来源主要是以在企业中打工或外地打工为主；工业户主要是指自己拥有一定的民办企业或工厂；服务户指家庭收入来源主要依靠如开商店、开饭馆、理发等行业来维持。

表 4 生产经营方式

单位：户，%

纯农户		兼营户		劳务户		工业户		服务户		干部		其他（注明）		合计	
户数	比例	户数	比例	户数	比例	户数	比例	户数	比例	户数	比例	户数	比例	户数	比例
0	0	57	41	70	50	6	4	5	4	2	1	0	0	140	100

注：在干部户数上应该进一步调查讨论，按照目前农村的实际情况不应该只占如此的比例。
资料来源：社区基本情况调查问卷（薄村领导填写问卷的数据整理）。

表 4 分析显示：在生产经营方式中，从家庭的主要经济来源进行划分，这样不但能够看出人们的生产经营方式以及主要的收入来源，而且能够显示出人们所从事的主要活动以及生活状况。分析得出，大多数农户属于兼营户和劳务户，几乎占全村总户数的 91%（图 2）。农民的收入来源并不单纯地停留在农业方面，出现了农业非农的现状。这一点从以后农户调查问卷中也可以发现，大部分农户的主要收入都来源于工资性收入。调查发现有许多农户将土地租给外地人，而自己从事一些非农活动，如做一些运输的生意或在当地或外地企业中打工。薄村已经脱离了单纯靠传统种植业来维持家庭生计，正在向现代型农村的方向发展。

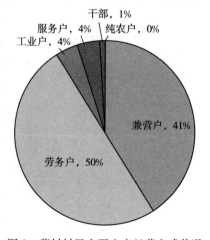

图 2 薄村村民主要生产经营方式状况

2.4 村民职业状况

村里大部分人从事非农业，或做专卖或在区里、镇里工作，在本村企业内工作的约有 35 人。村民土地大多租给外地人种大棚，本村农民种大棚的约有 10 户，另有一些人种露地西瓜和蔬菜。

2.5　村中的福利状况

（1）发放养老金，村民男超过 60 岁、女超过 55 岁就可以每年领取 150 元的养老金。

（2）粮食供应，给村民每人每季度发 1 袋面，每人两季发 1 袋米。

（3）全村村民的水电费补助。电费补助 0.09 元/千瓦·时，水费全部由村委承担。

（4）与大兴区民政局合作，为村民购买养老保险，共 20 年，根据年龄不同给每人交 5 000～6 000 元的养老保险。

（5）年终村民补助。年终给每个村民发一定的补助，每人 1 300 元。

（6）村政投资，其中环境卫生方面每年投入 2.6 万～2.8 万元，用于村子的绿化美化。共有 10 个绿化员，雇一辆垃圾车，10 名绿化员一年工资约 2 万元，垃圾车租金一年 7 200 元。

2.6　薄村现状与未来发展规划

从以上资料分析得出，薄村的土地相对短缺，人均耕地只有 0.944 4 亩。村中有相当一部分土地用于自办企业；村中商业相对较发达；村福利状况相对较好；大部分农户都从事农业以外的活动；农民的大部分收入来自于农业之外；多数人口都处于小学以上的文化程度。

对于未来的发展规划，根据薄村领导介绍，在未来的发展中将根据形势成立股份制合作社，吸收村民以个人土地入股。村计划集中村南大约 200 亩土地，初步计划创办生态园区和发展绿色、旅游观光农业。另外村南 70 亩的商务区，进行重新整顿，建立商业、服务一体化；村北 200 亩新村居住区，使农民能够住上楼房，从而提高土地的利用效率，使农村城市化。

3　农户问卷调查结果

3.1　样本描述

本次调查总样本量为 18 户，有效样本 17 户，均为汉族家庭，其中乡级以上干部家庭 1 户、村干部家庭 1 户。平均家庭人口数为 4.12 人，家庭人数最少的为2人，最多的为6人。其中以核心家庭（夫妇带一个小孩）和核心扩大家庭（在核心家庭的基础上加上父母亲）为主，两项占到所调查农户的58.5%。

表5　调查样本家庭人口数统计

家庭人口数（人）	户数（户）	比例（%）
2	2	11.8
3	4	23.5
4	3	17.6
5	6	35.3
6	2	11.8
合计	17	100.0

被调查人口中共有男性38人，占54.3%，女性32人，占45.7%。劳动力46人[①]，其中男性25人、女性21人。外出打工劳动力23人，其中男性12人、女性11人，共占总劳动力比例的50%，其中又以全年外出打工的劳动力为多。由于调查村临近大兴区，距离北京城区仅有20公里，所以外出打工劳动力成为劳动力的主要就业方式，而且即使是全年外出打工，也基本上是一种"离土不离乡"的打工形式。其中打工的形式主要以出租司机、做生意、跑运输、在村镇附近的企业上班等有稳定的收入来源的形式为主。

表6显示，17户有效样本中，劳动力人数46人，外出务工人数23人，在外出务工的23人中，有83%的人是属于长期在外务工。这也就验证了为什么该村中大多数农户家庭收入的主要来源是来自于工资性收入。

表6　样本人口基本特征

单位：人，%

	人口数		劳动力数		外出打工人数			
	人数	比例	人数	比例	≤3个月	≤6个月	>6个月	12个月
男	38	54.3	25	54.3	1	0	1	10
女	32	45.7	21	45.7	1	0	1	9
合计	70	100	46	100	2	0	2	19

① 按照18~60岁的劳动力年龄来计算。

表7 样本人口掌握技能情况

单位：人

外出务工时间	除种植业之外的技能							总计
	没有	开车	缝纫	烹调	行医	修理	其他	
少于3个月	1	0	0	0	0	1	0	2
6个月以上	0	0	1	1	0	0	0	2
全年	5	8	0	1	0	1	4	19
没打工	34	4	3	0	3	0	3	47
总计	40	12	4	2	3	2	7	70

从表7可以看出，除种植业以外，该村中农民还具有诸如开车、烹调、行医、修理等技能。具有一技之长的人数为30人（开车12＋缝纫4＋烹调2＋行医3＋修理2），也就是说在调查样本农户中，具有一技之长的人数占总劳动力人数的65%。

表8 样本人口受教育程度状况

单位：人

	没上学	小学	初中	高中	中专	大专	合计
男	3	8	11	9	3	4	38
女	5	11	6	7	3	0	32
合计	8	19	17	16	6	4	70

从表8样本人口的文化程度进行分析可以发现：就人口所占比重衡量，排在前三位的依次为小学、初中、高中，分别占到总人口比例的27%、24%和22%，文盲的比例仅占11%，而高中以上的高学历人才在人口中也占到了一定的比例（13%），这一比例就全国农村而言属于比较高的，从一个侧面也可以看出北京地区的教育程度相对于全国其他地区存在一定的优势。从男女性别方面来看，男性的受教育程度要稍微高于女性，这主要表现在女性中小学教育程度人员占的比重要大于男性成员，而男性成员在初中以及高中以上的高学历层次方面要远远高于女性。

同样，对劳动力的受教育程度进行分析可以看出，受教育状况与年龄呈现一种反比例关系，在 18~30 年龄段，主要以高中、中专文化程度为主；30~45 年龄段则主要以初中、高中为主；46~60 主要以小学和初中为主（表9）。

表 9　劳动力受教育程度状况

单位：人

年龄段	没上学	小学	初中	高中	中专	大专	合计
18~30 岁	0	0	2	3	3	2	10
31~45 岁	0	1	6	7	2	0	16
46~60 岁	2	7	7	3	0	1	20
合计	2	8	15	13	5	3	46

最后，从下面两方面来衡量所选样本是否具有代表性。

在男女比例上，社区男性成员 280 人、女性成员 236 人，男女比例 1.18：1；样本量中男性成员 38 人、女性成员 32 人，男女比例 1.18：1。样本属性与总样本属性完全一致。

在受教育程度上，从社区来看，小学、初中、高中、高中以上的所占比例分别为 21%、39%、23%、16%；而实际调查样本中小学、初中、高中、高中以上比例则为 27%、24%、22%、13%。除在初中文化程度比例上稍有偏差外，小学、高中、高中以上均基本相符。

因此，从以上分析可以看出，本次调查选取样本在一定程度上具有代表性。

3.2　社区基础设施情况

（1）水资源供应。薄村建立了村级自来水管道系统，家家户户都能够使用上公用自来水，目前正在进行管道改造。在水费方面，2004 年制定了 20 元/人·年的收费标准，但尚未完全落实。

（2）路况。在公路方面，薄村的村落整体规划非常井井有条，修建的柏油马路可以通到每家每户的房前屋后，这给村民的日常生活带来了很大的便利。

（3）电力供应。目前已经基本实现了全年无间断性通电。

（4）卫生。村里在村委会旁设有卫生所，而且每户都建有单独使用的独立厕所。

（5）通信。在通讯设施方面，在 17 户调查样本中，每户都通了电话，平均每户手机拥有量为 2.35 部，已经达到了相当高的一个水平（表 10）。

表 10　家庭手机拥有量

手机数量	家庭数（户）	比例（%）	累计比例（%）
1 部	3	17.6	17.6
2 部	7	41.2	58.8
3 部及以上	7	41.2	100
合计	17	100.0	

3.3　家庭固定资产和住房状况

在家庭固定资产方面，在调查之前设计了很多详细的具体项，但在调查过程中，由于薄村经济状况较好，因此，在分析的过程中便把有些无关项略去，只分析一些诸如家用电器等关键项的普及率（表 11）。

表 11　固定资产家庭拥有量

单位：个

具体项	拥有总量	户均拥有量	具体项	拥有总量	户均拥有量
电冰箱	18	1.06	电风扇	35	2.06
收录机/VCD	13	0.76	摩托车	13	0.76
电话	20	1.18	汽车	5	0.29
电饭锅	16	0.94	拖拉机	1	0.06
彩电	26	1.53	电脑	4	0.24
照相机	7	0.41	空调	7	0.41
自行车	41	2.41	手机	23	1.35
洗衣机	16	0.94			

在家庭住房方面，17 户调查户均有自家住房，房屋的主体结构主要以砖木结构为主，占到全部住房的 76.5%，其余的为钢混结构，占 23.5%。住房主要以 1996 年修建的为主，占 64.7%，其余下的为 2000 年以后修建的，占 35.3%。住房面积共计 2 775 平方米，户均 163.24 平方米，人均

39.64 平方米，整体住房相对宽松。由农户对自己房屋进行估价统计结果显示，农户认为的合理房屋价位为 1 391 元/平方米，所有房屋总价值 386 万元。

表 12　家庭住房面积及价值

	总计	户均	人均
住房面积（平方米）	2 775	163.24	39.64
住房价值（万元）	386	0.139 1	

3.4　家庭收入情况

对 17 户样本收入情况进行总体分析可以发现，农户主要的收入来源可以分为种植业收入、工资收入[①]、村粮食补助、村集体补助、养老金、私营企业以及其他[②]。总收入额为 57.564 万元/年，户均收入 3.38 万元/年，人均 8 000/年左右。从整个收入来源可以看出：

首先，传统的种植业在整个收入结构中占的比例已经很小，仅为 7%。

其次，农户收入的最主要来源为工资收入，占整个收入结构的 62%，可以看出外出务工和工资收入对当地农户社会经济生活的重要性，也就能够理解农户将贫富排序的指标主要定于家庭经济收入来源的原因了。

再次，村集体给各户提供的粮食和资金补助也在收入中占到了一定的比例，两项合计占 21%。

最后，在调查的 17 户农户中有 3 户有私营收入（主要指在村内开小商店和外出包工），其收入占到整个收入的 7%。可以看出私营收入在整个收入中占有重要的地位。

表 13　家庭主要收入明细图

单位：元

收入项	收入金额	户均
种植业收入	37 699.75	2 217.6
工资收入	360 900	21 229.4

---

① 包括打工的工资收入和公职的工资收入。
② 主要包括房租收入、赡养费收入和地租收入等。

（续）

收入项	收入金额	户均
村粮食补助	26 600	1 564.7
村集体补助	91 000	5 352.9
养老金	2 550	150
私营收入	38 200	2 247.1
其他	18 690	1 099.4
合计	575 639.75	33 861.2

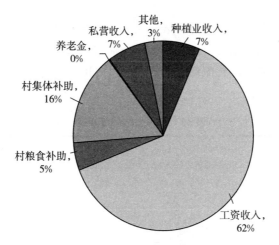

图 3　家庭主要收入来源

3.4.1　家庭种植业收入

在 17 户调查户中，共有耕地 70.96 亩[①]，平均每户 4.17 亩。其中，水浇地 57.96 亩，平均每户 3.41 亩；旱地 13 亩，平均每户 0.76 亩（表 13）。其中有 9 户租出了自家土地，共计 26.3 亩，获得租金收入约 10 650 元，另有 1 户免费租用亲戚家 6 亩地，主要用于种植小麦和玉米。

---

①　这一点从当地的土地分配政策中也可以得以反映，当地土地按照平均 1 亩/人进行分配。总土地数中的 0.96 亩主要来源于各户家庭的少量自留地。

表 14　家庭拥有耕地状况

单位：亩，%

	耕地	水浇地	旱地
平均数	4.174 1	3.409 4	0.764 7
中位数	4.000 0	4.000 0	0.000 0
众数	4.00	4.00	0.00
总计	70.96	57.96	13.00
比例	100	81.7	18.3

当地种植的农作物主要有小麦、玉米、花生、大豆、蔬菜以及苗木等，其中各户以花生和玉米所占比例最大，分别有 11 户、8 户种有该两种作物。除了苗木和蔬菜之外，其他种植作物并不主要用于销售，例如花生在当地更多的是用于换油吃，并非销售。

表 15　各种作物种植情况

品种	种植农户数（户）	种植亩数（亩）
小麦	1	6
玉米	8	18.7
大豆	2	4.3
花生	11	9.5
露地蔬菜	1	2
设施蔬菜	1	5.5
苗木	2	6.06
其他	1	1.3
合计	27	53.36

对种植业的具体收支情况分析结果如表 16 所示。

表 16　种植业收入明细表

单位：元

作物品种	收入	支出	纯收入	亩均收入
玉米	13 530	4 551	8 979	480
花生	7 458.75	2 788	4 670.75	491.65
大豆	6 180	2 080	4 100	953.5
设施蔬菜	12 000	143	11 857	2 155.82
露地蔬菜	3 200	65	3 135	1 567.5
苗木	0	75	—75	12.38
其他	4 575	430	4 145	3 188.5
合计	46 943.75	9 244	37 699.75	706.5

注：在设施蔬菜、露地蔬菜项中获得的投入产出数据不太准确，但在统计中还是将其计入，因此可能略有出入；目前苗木尚未找到销路。

进一步对整个种植业的支出结构进行分析可得出如下结果（表 17）：

表 17　种植业支出明细表

单位：元,%

	尿素	碳铵	二铵	复合肥	农家肥	除草剂	杀虫剂	塑料地膜	其他生产资料	雇工费	生产资料租金	灌溉费	机耕费	其他	合计
金额	1 920	100	385	850	953	120	215	265	204	195	1 750	1 284	1 816	72	10 129
占比	18.96	0.99	3.80	8.39	9.41	1.18	2.12	2.62	2.01	1.93	17.3	12.68	17.93	0.71	100

注：其他生产资料主要指竹拱投入。

3.4.2　家庭工资收入

在 17 户调查样本中工资带来的收入总额为 36.09 万元[①]，平均每户 2.12 万元，在整个收入结构中占到 62%，是收入的最主要来源。共有 30 人有工资收入，累计工作日 8624 个，平均每人工作时间 287.5 天，平均每天工资 73.15 元。工作地点全部局限于北京市范围之内，其中本村就业的有 16 人，占 53.3%，本乡就业的有 5 人，占 16.7%，大兴区就业的 5 人，占 16.7%，北京市内就业的 4 人，占 13.3%。在就业人员中 18～30 年龄段的 5 人，31～45 年龄段的 14 人，46～60 年龄段的 9 人，60 岁以上的 2 人。可

---

① 拖欠的和拿到手的实物和现金工资收入都计算在内。

以看出工资收入不同于打工收入，因为除了打工收入之外，工资部分还涵盖村干部、退休人员、村医等有固定收入来源人员的工资，而这些人员的年龄段则比较集中于 46 岁以上，因此工资收入在年龄分布中略不同于打工收入的年龄分布，具体情况请见表 18。

表 18　工资收入与打工收入年龄段比较

年龄段	工资收入		打工收入	
	人数（人）	比例（%）	人数（人）	比例（%）
18～30 岁	5	16.67	4	17.4
31～45 岁	14	46.67	13	56.5
46～60 岁	9	30	6	26.1
60 岁以上	2	6.67	0	0
合计	30	100	23	100

从工资收入人员的受教育程度来看，初中以上文化程度的人员占到有工资收入人员的 90%，其中初中和高中者多，分别占到 36.7% 和 33.3%。另外中专和大专文化程度的高学历人员也占到相当的比例，两项相加占到 20%。

表 19　工资收入人员文化程度情况

文化程度	人数（人）	比例（%）
没上学	1	3.3
小学	2	6.7
初中	11	36.7
高中	10	33.3
中专	4	13.3
大专	2	6.7
合计	30	100.0

在有工资收入的 30 人中，绝大部分都能按时得到工资，仅有 1 人由于自身是跑运输的职业特性导致有部分工资拖欠，拖欠金额为 4 500 元左右。工资收入大部分都是以现金的形式实现，实物工资所占的比例很小（图 4）。

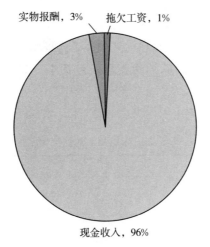

实物报酬，3%　　拖欠工资，1%

现金收入，96%

图 4　工资收入成分

3.4.3　家庭其他收入来源

家庭其他收入来源主要包括村粮食补助、村集体补助、养老金、私营收入和其他项（赡养费、房租收入等）。具体收入情况如表 20 所示。

表 20　家庭其他收入来源情况表

	总金额（元）	户均金额（元）	备　　注
村粮食补助	26 600	1 564.7	该三项收入主要来源村补助，由于薄村村集体企业比较发达，而且地靠大兴，每年集体租地收入有 200 余万，因此村民福利水平较高。村粮食补助标准为米 100 千克/年·人、面 200 千克/年·人，该项补贴基本能满足农户家庭的粮食消费，从中也可以反映薄村农户种植业积极性不高的原因；村集体补助为 1 000 元/年·人，另外逢十一、春节分别给村民发放 100 元/人、200 元/人的补贴；在养老金方面则享受男 60 岁以上、女 55 岁以上给予 150 元/月·人的标准。单从村补贴金额来看，一般农户家庭就能维持一年的生计
村集体补助	91 000	5 352.9	
养老金	2 550	150	
私营收入	38 200	2 247.1	在调查样本中仅有 3 户有私营收入，其中 2 户为经营个体小商店收入、1 户为包工收入。私营收入虽然经营人数少，但收入额比较大，因而在整体收入中占的权重也相对较大。这也是农户贫富的重要标准之一
其他	8 040	472.9	主要包括礼金收入 6 850 元、房租收入 1 090 元
合计	166 390	9 787.6	

3.5 家庭生活消费支出情况

由于具体的生产支出已经在前文中有了详细阐述，因此在该部分主要讨论的是农户家庭生活方面的消费支出，包括吃、穿①、住②、用③、行、教育、医疗以及其他④八大方面。该部分问卷中摒弃无效数据后，剩下有效样本量 14 户。具体消费支出结构见表 21、图 5。

表 21 家庭生活消费支出

	总支出（元）	户均支出（元）
吃*	158 856	11 346.86
穿	21 670	1 547.86
住	32 500	2 321.43
用	91 602	6 543
行	14 695	1 049.64
教育	20 883	1 491.64
医疗	39 690	2 835
其他	18 395	1 313.93
合计	398 291	28 449.36

注：* 该项数据是用调查的半月数据累计计算，即半月消费值×24。

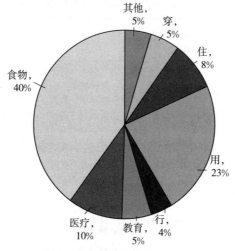

图 5 家庭生活消费支出比例

① 包括衣着、床上用品等消费支出。
② 包括住房修建、住房装潢、租房等方面消费支出。
③ 除日常杂用外，还包括水、电、通信、燃料、小孩零花钱、赡养费等方面支出。
④ 包括罚款、送礼、税费等支出。

从图5可以看出，整个食物消费支出仅占到全部消费支出的40%，已经达到相当高的水平。去除食物支出，另外两项主要的支出为用和医疗支出。

对家庭食品消费支出方面做进一步的分析，其中肉蛋类所占比例最大，为31%；其次为主食类，占29%；再次为烟酒茶类，占19%。在这些消费食物中除了主食中的米和面由村里免费发放之外，其他消费品绝大部分来自市场购买。

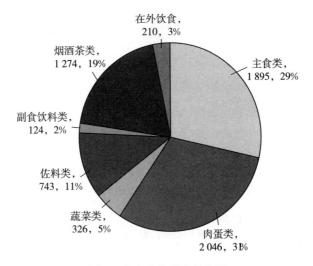

图6　家庭食物消费结构图

3.6　家庭与各机构联系情况

在涉及家庭与各机构之间联系方面，问及乡农技站、乡畜牧兽医站、乡林业站的技术部门的情况时，分别有10户、9户、14户表示不知道具体位置所在，这在一定程度上可以看出农技推广部门在当地农户心中的地位。由于农业在薄村所占的比重很小，农户对农业的生产积极性也不高，这种情况的出现也就在所难免了。

对其他机构联系状况进行分析，可以得出如下结论：农户通常都愿意在村内解决自己的日常生活遇到的问题，而村委会则成为农户解决问题争端的首要选择，那么非到万不得已农户并不愿意前往乡政府去寻找解决问题的办法，这一点从52.9%的农户没有去过乡政府可以得到证明；而前往小学、中学的更多理由是家中有子女上学，其他农户一般不会访问学校；在诊所方面村诊所的访问频率也明显高于乡诊所；在信贷方面显示信贷途径比较通畅，52.9%的农户的访问频率都在一个月一次左右。

表 22　家庭与各机构联系情况

机构名称	距离	交往工具及来回时间	访问频率
村委会	1里以内	由于距离村委会比较近，而且交通条件较好，一般农户都步行前往，来回一趟的时间也一般在5分钟之内	47%的农户访问频率在每周1次以上
最近的集市	4公里左右	65%的农户都采用自行车这种交通工具前往集市，来回一趟的时间一般为10～15分钟	半月1次以上访问频率的农户占52.9%
乡政府	8公里左右	58.8%的农户交通工具选择机动车，来回一趟的时间为1～2小时	52.9%的农户没有去过乡政府，去过的农户基本是上访，频率在一月以上一次
小学	2公里左右	41.2%的农户选择使用自行车前往小学，来回一趟时间约为10分钟	58.8%农户没去过小学
中学	2公里左右	52.9%的农户选择使用自行车，来回一趟时间约为10分钟	58.8%农户没去过中学
最近的诊所	1里左右	由于村诊所就在村委会附近，农户一般选择步行前往，来回一趟时间为5分钟左右	58.8%农户的访问频率在一个月一次以上
乡卫生院	2公里左右	去往乡卫生院的交通工具主要是自行车和机动车，其中选择自行车的为47.1%、机动车的为23.5%，来回一趟时间约为5分钟	仅有41.1%的农户去过乡卫生所，而且访问频率不等
信用所	2公里左右	64.7%农户选择使用自行车去信用社，来回一趟时间为10～30分钟	52.9%的农户访问频率在一个月一次左右
大兴县城	7～8公里	农户大多乘坐公交车前往县城，在时间花费上约为1小时	76.5%的农户去过大兴县城，访问频率不等
北京市	20～25公里	一般选择乘坐公交车作为交通工具，来回时间为1～2小时	由于北京距离较远，47.1%的农户回答访问频率在一个月以上一次左右

3.7　性别差异

从生产、生活以及社会活动方面来看，女性在家务、农活、开家长会等家庭日常生活方面的参与度比较高；在村里开会、购买生产资料等家庭决策方面男性的参与度要相对高些；在赶场、参加婚礼等代表家庭形象的活动中则更多的是男女共同参与。其中最值得注意的是在村里开会方面男性的参与度仅比女性高 11.7%，这一点可以看出女性在薄村的社会事物决策方面还是有很高的地位。

表 23　生产、生活以及社会活动性别参与度

单位：户，%

		家务	农活	村里开会	赶集	购买生产资料	出售农副产品	贷款	送孩子上学	开家长会	参加婚礼
男	户数	0	5	9	0	8	3	0	2	1	3
	占比	0	29.4	52.9	0	47.1	17.6	0	11.8	5.9	17.6
女	户数	13	6	7	8	5	2	1	3	5	2
	占比	76.5	35.3	41.2	47.1	29.4	11.8	5.9	17.6	29.4	11.8
男女共同	户数	3	3	0	6	1	2	1	2	1	10
	占比	17.6	17.6	0	35.3	5.9	11.8	5.9	11.8	5.9	58.8
未作答	户数	1	3	1	3	3	10	15	10	10	2
	占比	5.9	17.6	5.9	17.6	17.6	58.8	88.2	58.8	58.8	11.8

在家庭钱财管理上，虽然大部分的家庭都由女主人（41.2%）或者是男女主人共同（47.1%）来管理钱财，但是花钱的决策大部分还是由女主人（82.4%）做出；在家庭事务管理上，诸如盖房、子女教育等大事方面主要以男女主人共同商量（58.8%）的方式来进行决策，而诸如油盐酱醋等生活小事则主要以女主人（58.8%）决策为主。而在未来的家庭决策中有64.7%的农户认为应该男女共同进行决策。

从上面的分析可以看出，薄村无论在生产还是生活方面男女相对比较平等。在家庭决策方面，仍然存在着男性主要是倾向于战略性的决策，女性主要倾向于现实性方面的决策。从薄村总体发展趋势来分析，随着社会的发展，男女将向更为平等的方面发展。

3.8　培训和信息需求

在培训方面，调查的 17 户农户中只有 5 户认为有培训需求，其中 4 户认为应该组织诸如电焊、驾驶以及发展经济方面的技术培训，只有 1 户认为在农业技术方面需要加强培训。而在过去 5 年之内，村里几乎没有组织过培训活动，村民所接受的培训也仅限于自身出资参加的一些社会上的技能培训。

在信息需求和服务方面，当问及最近一年在种植业、养殖业方面是否使用新品种、新技术时，所有调查农户表示没有使用过；而问及家庭遇到生产生活方面的问题愿意和谁商量时，绝大部分农户的选择局限在家庭成员、亲朋好友、邻居这些圈子内，可以看出邻里和血缘关系仍然是当地解决社会问题的最主要解决途径。

针对具体需求而言，当问及当前家庭最需要哪些信息时，共有 13 户进行了回答。其中回答农业新品种信息的 4 户、农产品市场信息的 3 户、其他的 6 户，其他项主要指的是医疗、就业、市场、农业政策与法规等方面的信息。

表 24   当前农户家庭最需要的信息需求

单位：户，%

	户数	占比
农业新品种信息	4	23.5
农产品市场信息	3	17.6
其他	6	35.3
合计	13	76.5

在涉及信息的解决渠道时，共有 11 户进行了回答，其中排在前三项的答案依次为农技推广站、亲戚朋友、报纸。可以看出，虽然农技推广在当地名存实亡，但从农户的角度而言，还是对其具有很高的期望值和器重度的。而当从正规的政府信息服务部门得不到帮助时，农户更多考虑的是自己的熟人圈（亲戚朋友）以及大众传播媒介（报纸）。

表 25   农户期望的信息服务渠道

单位：户，%

	户数	占比
农技推广站	4	23.5
电视	1	5.9
报纸	2	11.8
亲戚朋友	3	17.6
其他	1	5.9
合计	11	64.7

4 小组访谈结果

4.1 社区基本概况

薄村内共有 140 户，人均耕地面积近 1 亩，全村主要种植蔬菜大棚、花生、玉米、树苗、西瓜等作物，社区内通电率为 100%，全年除电力维修外没有停电现象。饮用水全部为自来水，饮用水源位于社区的东南脚处，水量充足，不存在用水问题。在通讯方面，每户都装有电话，与外界联系十分方便。薄村交通条件非常便利，村中通有南北方向的磁魏路与孙薄路、东西方向的南通路与薄晨路以及穿过村庄的薄旺路等公路。社区内共有七口农用水井、一个水源、一户养猪户，一户养羊户和一户养鸡场，还有 27 家乡镇企业。

4.2 社区贫富基本状况

由于全村耕地面积相对较少，人均耕地面积只有 1 亩，建筑用地占去了农村的大部分土地。从全村的整体生活状况来看，农民相对较富裕。郊区县的农民得到全市经济发展的带动，通常具有稳定的工作和固定的收入。

表 26　农户贫富排序（男组）

占比	上	中	下
	30%	40%	30%
标准	人口少，没有负担，经济收入稳定	开商店，人口多，有固定经济来源（有职业）	人口多，副业少，经济来源少

表 27　农户贫富排序（女组）

占比	上	中	下
	20%	40%	40%
标准（经济来源）	有固定收入（村干部），开商店	打临时工，上班收入，开出租（车是租来的）	靠种地（受自然影响），人口多，家里有残疾人

因此被访问者主要是以人口、挣钱机会、有无稳定的收入、家庭支出情况作为生活状况差异。

从男、女组的对比可以看出异同。共同点：①都认为有稳定的收入是良好经济的标准；②家庭人口多导致了经济水平的落后。不同点：女性主要是看经济来源，其他方面几乎不考虑，而男性把人口的数量看得很重。

从上面的分析可以看出，因为家庭人均耕地面积少，导致农民从农业中获得更多收入的潜力下降。而如果再没有其他的收入来源，那么人口多必然导致支出大于收入，造成家庭经济状况和收入水平的下降。同时可以看出，由于当地有 27 家乡镇企业，带动了当地经济的发展，那么有固定收入的人就相对较多。这恰恰验证了农户问卷中，工资性收入在整个收入来源中所占的比重。

4.3 农产品优劣势分析（SWOT）及信息需求

表 28　种植业 SWOT 分析结果

	优 势	劣 势	机 会	风 险	排序
玉米	省工，风险小	价格低，利润薄	销路好	价格波动大，易倒伏	2
花生	吃油方便	产量低	缺新产品（高产，抗病）	自制种子	3
药材	经济效益高（比粮食高好几倍）	没有种过	有公司收购	没技术，没销路	4
西瓜	技术有保障	不能重茬（需间隔 5 至 6）	利润稳定	雹灾，价格波动大	1
豇豆	利润稳定，与西瓜差不多	虫害严重，每天要摘太费工	销路有保障（路边就有人收）	易倒（倒后没收入）	5

通过小组座谈分析结果如下：①降低风险和劣势的办法是让相关部门提供新品种和新技术。②农民对五种作物进行打分，分最高的是农民最想种的，结果前三位分别是西瓜、玉米、花生。虽然药材的效益很高，但农民最想种的并不包括药材。

分析发现，农户拘泥于传统产业而不愿转向更挣钱的药材种植，主要的原因在于农产品的种植是一种外部风险性很大的产业，如果对新技术、新品种比较陌生，农户盲目上马新品种、新技术只能导致失败。同时，技术培训的缺乏也使农户望而却步。另外一个限制因素在于市场风险、农产品销路的缺乏，一个典型的例子就是一位农户家种有 18 亩地，全部种植的是树苗，目前已经四年了，树苗还在手中压着，找不到销售渠道。

所以，如果要从种植业上寻找农民增收的途径，依靠传统的种植品种是行不通的，而要发展新的种植品种，则必须从新品种的引进，技术培训、指导，以及市场销路等方面寻找突破口，规避农户采纳新技术、新品种带来的风险。

4.4 社区问题分析

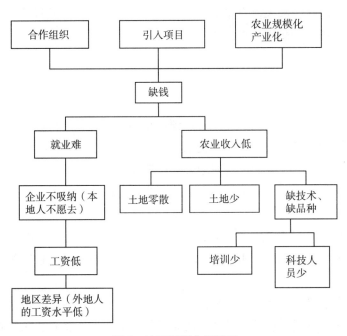

图 7　社区问题分析结果

经小组座谈讨论，农民认为最大问题就是缺钱。主要原因：①没人能给自己提供就业岗位，就业难；②从农业方面获得的利润低，主要靠农业生活的家庭，对总收入的影响很大。

具体分析就业难主要体现在：当地的企业很多按照外地务工人员的工资标准开出的工资很低，当地农民都不愿意去，但外地的打工人员都可以接受企业开出的工资，因此这些就业岗位就被外地人所占据。造成这种情况的主要原因在于社区内部的福利、收入等方面的状况较好,农户目前的生产、生活状态已经不仅仅是温饱等低层次的生理需求,而是已经达到了尊重程度以上的社交需求,因此,当企业给出的工资水平较低时,农户认为达不到对其的最起码尊重时,放弃就业的选择也就不难理解了。

农业收入低的主要体现是:①在种植方面,由于本村的大部分土地都已经作为建筑用地,所以耕地很少,而且零散,无法进行规模经营。②长期采用单一的作物品种和传统的农业技术,种地难以增产增收。主要因为农民没有受过专业的技术培训,农业推广人员没有把新品种新技术及时有效地推广到农民手里。

要解决上面的问题,农民提出的可能解决的方案:①建立农村的合作组织,让农民们联合起来,有组织地去同企业谈判达到合作的目的;②引进可行的农业项目;③彻底放弃现在一家一户的经营模式,使农业能够达到规模化产业化。

5 结论

(1)本次预调查在一定程度上达到调整调查内容、修订调查问卷及访谈提纲,以及对学员进行集中培训的目标。为下一步大规模调查奠定了基础,总结了经验、教训,有助于更好地开展后期工作。

(2)通过集中培训将 PRA 理念注入调查员的思维模式之中,达到了调查员思想、态度和行为的改变,一定程度上不仅改变了调查员对农村农民的态度,同时通过实践锻炼了调查员对 PRA 工具和方法的运用能力,增长了调查员实地工作的能力,取得了被调查村的基线数据,获得调查员的反馈信息。

(3)在小组访谈中,农民积极地参与到访谈中来,改变了传统的外来专家、领导作为发展干预的主导者,而农民作为被动的接受者、倾听者。通过 PRA 的方法来进行小组访谈,让农民真正地意识到,他们才是社区发展的主体。

(4)通过社区资源图、SWOT(产品优劣势分析)、Wealth Ranking(贫富排序)、Problem Analysis(问题分析)获得了一手资料,能够真实地反映农民的需求。

(5)调查结果显示,学生与各职能部门选派的调查员各有所长。二者所关注的角度不同,学生通常更能反映数据真实性,且热情较高,愿意对社区有更多的了解。比如由于各方面的原因我们对社区的基本情况掌握得很少，但是学生群体却能够通过与农户或社区关键人物的访谈得到社区更为详细的资料。同时，学生群体通常更容易接近农户，农民通常能够表达自己的真实想法。但是学生对社区的经验相对较少，因此可能缺乏对社区情况的深入分析。各职能部门的调查员通常从本单位的利益出发，有意识地关注于本单位相关的信息，且容易掩盖数据的真实性，农户通常也不愿意反映社区的真实情况。但各职能部门的调查员通常经验较为丰富。

（6）小组座谈的结果显示，通过采用 PRA 方法能够在较短时间内对社区的基本概况和存在的问题有个全面的了解，而且能够弥补问卷调查所不能反映的信息，充分证明了 PRA 方法在社区基线调查中的优越性和可行性。

（7）三方面信息源分析。通过对农户调查问卷、社区基本情况调查问卷、小组访谈三方面信息的对比补充，分析发现：

第一，在社区基本情况调查问卷中，根据薄村领导提供的资料，社区中没有旱地，但从农户调查问卷中显示 17 户（有效样本）农民共有旱地 13 亩，平均每户 0.76 亩，同时在小组访谈中也证明了薄村是拥有旱地的。

第二，在社区基本情况调查问卷中，根据薄村领导提供的资料，社区中共有干部户 2 户，但是根据我国目前社区的普遍情况，干部户应不止 2 户。

第三，通过一张简单的社区资源图能够清晰地表述出薄村交通便利、水资源充足、电力供应正常；主要种植蔬菜、玉米、花生等农作物；村中商业发达，有 27 家企业；三个养殖场（猪、羊、鸡）。用一种可视化的效果描述出薄村的整体面貌。也同时能够得出薄村应该是一个相对富裕的村庄。另一方面贫富排序也体现了社区中贫富差异并不是很大。

第四，农产品的优劣势分析显示出农民的种植模式仍然比较单一，大多数农民不敢承担风险。农民期望新品种、新技术的同时也希望规避风险，所以今后项目的主重点应该是推广订单农业，保证产品的销路。通过试验、示范推广的方式来推广新的品种、新的技术。

第五，一张核心问题分析图折射出社区目前制约农民收入增加的主要原因，即就业相对较难和从农业中获得的收入相对较少。这既有技术、品种单一的原因，也有自然的原因（土地零散且耕地少），同时也有企业的原因。通过共同分析得出结论，今后社区发展的方向就是建立合作化组织，引入项目，走农业的规模化、产业化道路。

因此，在以后的调查中，要充分利用小组访谈中定性的特点与农户访谈中定量的特点相结合，来保证调查数据的真实性和可靠性。同时，充分的利用小组访谈（PRA）可以进行深度分析的特点，在获得一定信息的基础上，对社区各方面情况进行深入分析。

6 讨论

从本次预调查活动的整个过程以及调查最终所获得结果分析得出，在今后的调查中，需要对以下情况进行进一步的讨论：

（1）在调查时间上过于短暂，所以很多问题没有反映出来，打破了原有的计划，原计划的 30 位农民只来了 13 位，所以很难分组运用 PRA 的工具反映各方面的问题。

（2）因调查员的专业及单位不同，其关注点不同、目标不一致而出现不必要的意见分歧。在调查中，过分关注自己所在单位相关的调查内容，而忽视了整体目标的实现。

（3）对所调查社区，调查员缺少必要的了解，调查前的准备工作不够充分。

（4）样本选择缺少代表性，太过于随意。

（5）由于各种原因造成整个预调查方案的设计缺少必要的计划性。

（6）参与式本身的特点就是在运用中充分尊重农民的看法，在运用中尽量做到头脑风暴（Brainstorming），也就是充分激发农民对社区发展的积极性、主动性。在运用工具的同时增进了农民的能力建设，注重农民的参与。但是这次调查这一点体现得并不是很明显。

（7）培训中，对于 PRA 的深入介绍和理念的培训力度不够；培训学员在掌握 PRA 理念、知识的前提下，缺少必要的实践。

（8）因所调查时间的限制，社区资料获取不全，所以未获得更多的资料，设计了一个调查问卷对社区基本情况进行调查。但所获得信息量却相当少，有些问题没有回答，有些答案与所问问题不相符合，答案过于简单。

7 建议

（1）在以后进行大规模调查之前，应先讨论制订一个明确完整的调查方案，包括调查目标、调查时间安排、调查方法、调查人员、调查地点的选定、调查样本抽取方法等在实际调查过程中不能轻易更改，以保证调查的完备性和连续性。

（2）应该再组织一次针对调查员的较为全面系统的 PRA 培训，在时间上应至少保证不低于 7 天。

（3）在样本选择上，农户问卷调查样本应该根据抽样方法来进行，而非指定农户，每个村至少应抽取 30 户农户作为调查样本，其中应该尽量覆盖到社区的贫富经济状况、产业状况以及农户的年龄构成；小组座谈规模应该限制在 5～10 人，而且根据调查地点的实际情况可适当把握召开座谈会的次数，在座谈成员选择方面应该考虑到年龄、性别、贫富等方面因素。

（4）在调查区域划分过程中可兼顾当地的特点（如农民合作组织、观光农业、农业生态园区、农村文化人等），并在调查报告中以案例的形式作为一个亮点加以显示。

（5）在进行调查区域选取和小组座谈中，应该尽量规避外界因素的干预。

（6）在调查员的选择上，应该采用学生和各部门调查员相结合的方式，尽可能地发挥两者优势，保证调查的质量，并且应该有一只较为稳定的调查员队伍，避免临时抓差。

8 附录

8.1 预调查时间表

预调查时间表

7月16日	上午	PRA 工具培训（具体包括社区资源图、时间曲线、机构联系图、利益相关群体分析图、问题分析、季节历、SWOT 分析以及排序打分）
	下午	针对上午培训内容进行讨论以及进行调查问卷的初次讨论、修改
7月17日	上午	前往预调查点（大兴区黄村镇薄村）并进行 18 户农户入户问卷调查
	下午	调查组成员分为两组，一组根据上午问卷调查情况集体讨论进行调查问卷修改；另一组采用 PRA 方法进行农户的小组座谈，了解社区社会经济的一些基本情况
	晚上	调查组内部根据预调查情况进行讨论，进一步完善问卷以及下一步的调查方案

8.2 基线调查人员名单

2005 年 7 月 15—16 日参加农村基线调查人员名单

姓名	性别	单　位
王德海	男	中国农业大学人文发展学院
郑小川	男	中国农业大学人文发展学院
戴辰波	男	中国农业大学人文发展学院
刘玉花	女	中国农业大学人文发展学院
高翠玲	女	中国农业大学人文发展学院
黄　杰	男	中国农业大学人文发展学院
吴建繁	女	北京市农业局科教处
张晓晟	男	北京市农业局科教处
张金良	男	北京市植物保护站
李国靖	男	北京市农业技术推广站粮作室
孙兔明	男	北京市农业技术推广站蔬菜室
司力珊	女	北京市农业技术推广站蔬菜室
宋慧欣	女	北京市农业技术推广站玉米室
王俊英	女	北京市农业技术推广站粮作室
李春贵	男	北京市农业技术推广站玉米室
李　勋	男	北京市农业技术推广站
董艳华	男	北京市农机试验鉴定推广站
熊　波	男	北京市农机试验鉴定推广站
曲明山	男	北京市农业技术推广站肥料室
吴文强	男	北京市农业技术推广站肥料室
黄　文	男	北京市水产技术推广站
马立鸣	男	北京市水产技术推广站
刘庆宇	男	北京市畜牧兽医总站
魏荣贵	男	北京市畜牧兽医总站
曾剑波	男	北京市农业技术推广站玉米室
白建杰	男	大兴区黄村镇薄村村长

8.3 社区（薄村）基本情况调查问卷

（1）土地利用状况。

全村总体土地面积：

耕 地		企业用地	荒地	林地	住宅	果园	荒山	鱼塘	其他用地（注明）
水浇地	旱地								

（2）人口基本状况。

总人口数（人）	农业人口（人）		非农业人口（人）		女户家庭数（户）	汉族（人）	满族（人）	回族（人）	其他民族（人）
	男性	女性	男性	女性					

（3）文化素质。

文盲（人）	小学（人）	初中（人）	高中（人）	高中以上（人）

（4）生产经营方式。

纯农户（户）	兼营户（户）	劳务户（户）	工业户（户）	服务户（户）	干部（户）	其他（注明）

注：纯农户主要指单纯靠种地来维持生计；兼营户主要是指除种地外还做一些生意（主要指做一些买卖，无固定场所、倒卖倒卖活动）；劳务户主要是指家庭的经济来源主要以在企业中打工或外地打工为主；工业户主要是指自己拥有一定的民办企业或工厂；服务户主要指家庭收入来源主要依靠如开商店、开饭馆、理发等行业来维持。

（5）经济发展状况。

主导产业	主要种植的产品类型	主要养殖的品种类型	蔬菜产业的主要种植类型	创收情况排序	其他

（6）企业情况。

企业总数	主要的企业类型	所从事的主要经营活动	企业所吸纳村中的劳动力数量	所从事的主要职业

（7）社区主要机构。

机构名称	机构职能	近几年主要业绩

（8）外来人口状况。

全村外来人口总数	主要从事的职业	如何管理

（9）培训情况。

培训类型	培训的组织机构	培训的执行机构	培训的内容	培训的方法	培训者来自的单位	受训者群体的数量	培训针对的对象	培训前是否作过需求调查	培训后是否作过效果评估

注：培训内容主要从农业政策法规、经营管理知识、市场营销、农民实用技术方面进行考虑。但是要写出具体的培训项目。

（10）文化及风俗。

文化传统及风俗	主要开展的文体活动	主要的文体活动设施

（11）村中福利状况。

养老金	粮食供应	水电费补助	养老保险	年终村民补助
女55岁、男60岁每年150元/人	150千克/人	水免费 电费0.09元/千瓦·时	16岁以上100%入养老保险	1 300元/人

（12）最近几年内村委会、党支部为农民开展了哪些主要活动。

与农民收入有关的活动	与农民素质提高有关的活动	与农民技术水平的提高有关的活动	环境卫生方面活动及投入	其他方面

（13）村长选举的方式。

  A. 直选   B. 公推公选

C. 直接提名　　　D. 三轮两票制

（14）2004 年的气候状况。

A. 好　　　　　　B. 正常　　　　C. 差

（15）村中拥有卫生所、医疗机构的个数。

A. 无　　　　　　B. 1 个

C. 2 个　　　　　D. 3 个

E. 3 个以上

（16）村里拥有的市场个数。

A. 0　　　　　B. 1　　C. 2　　D. 3　　E. 4

（17）村里在环境卫生方面所做的工作。

（18）村里的交通状况、路况情况。

（19）村委会、党支部对社区未来发展的规划。

8.4　小组座谈中 PRA 工具操作步骤

工具 1　社区资源图操作步骤：①讲清目的，适当地解释了某些相关概念；②把笔交给当地农民，让他们自己做；③在所参与农民制图的过程中，适当给予一些提示和帮助，协助农户完成。

工具 2　农产品优劣势分析操作步骤：①问题分析的范围为种植业领域；②卡片的方式，收集农户目前种有的农作物品种，并把其列到大纸上；③采用讨论的方式，让农户来分析在当地种植各品种存在优势条件和相对应的劣势和缺陷以及发展的机会和风险，形成矩阵表后，共同检验其完整性，并进行进一步的分析；④在进行了 SWOT 分析的基础上，让农户在小卡片上写上自己在将来最想发展的三种种植业品种，收集、整理并进行排序；⑤整理调查结果，将其绘成表格。

工具 3　问题分析（Problem Analysis，也称问题树）操作步骤：①让农户在小卡片上写出目前自己认为家庭生产、生活中面临的三个最主要问题；②收集卡片，在大纸上将农户所写问题进行归类，并找出核心问题；③围绕核心问题寻找原因，归纳卡片之间的逻辑关系，并针对核心问题的下一级问题继续寻找原因，直到分析到农户认为没法再往下寻找原因为止；④将原因分析的结果罗列成树状；⑤再通过讨论的形式找出问题解决的方法，并列在大纸上；⑥整理调查结果。

二、北京市农业生产发展农民需求调研报告

1 摘要

1.1 调研背景

北京市委、市政府为贯彻落实《中共中央国务院关于推进社会主义新农村建设的若干意见》（中发［2006］1号），发布实施了《中共北京市委、北京市人民政府关于统筹城乡经济社会发展，推进社会主义新农村建设意见》，并要求各地区、各部门党政领导干部，要按照实现"生产发展、生活宽裕、乡风文明、村容整洁、管理民主"的新农村建设目标自觉地深入农村调查研究。在2006年市农村工作会议上，时任市长王岐山强调，各级党委、政府和各部门要吃透中央精神，准确把握精神实质，深入实际开展调查研究。市农业局为贯彻落实中央和市委、市政府文件及市领导讲话精神，深入京郊农村，开展农业"生产发展"农民需求调研。本次调研已列入市政府办的专题调研课题，同时也列入市科委软科学调研项目。

1.2 调研目的

通过调研，发现阻碍农村、农业和农民在实现生产发展、生活宽裕等方面所面临的问题，了解农民在提高生产发展过程中的所需、所想、所盼，听取他们对存在主要问题的看法、想法和解决问题的具体意见和建议，从而进一步明确农业部门提供服务的重点和关键点，有针对性地凝聚科技、信息、市场、资金、管理等资源，加快农民发展生产瓶颈问题的解决，促进公共财政有针对性地向农村倾斜，按照农民意愿和农民需求推进新农村建设。

1.3 调研方法

本次调研采用的是国际项目普遍应用的参与式评估方法（Participatory Rural Appraisal）。该方法是一种调查和被调查者共同进行的鼓励双方共同参加问题分析的调查方法，其基本概念是认为专家不是万能的，农民并不是无知的，最能了解农民的恰恰是农民自己。它的核心是以人为本，是赋权，是调查者与被调查对象之间价值的认同。通过调查者与目标群体平等沟通，使被调查者主动参与到有关问题、发展潜力的讨论，分析和制订解决问题方案的过程中，从调查者方面，变"我们为农民工作"为"我们和农民一起工作"。这种有农民自身参与的调研活动可以在了解农民生产需求的同时启动内源发展动力并激发当地人的责任感。一旦农民感受到这是一个为自己利益而进行的研究时，他们会表现得更负责任，更认真和更主动地参与，所反映的数据、资料、信息比单纯被动的调查更加准确真实，其实际应用的价值更大。

1.4 调研地点

本次调研选择京郊大兴区 14 个村和延庆县 10 个村作为平原和山区的代表样本。24 个样本村中，近 1/3 的村（7 个）被列入 2006 年市级新农村建设试点，42% 的村（10 个）被列入区县级新农村建设试点。根据产业类型划分，以种植业为主的村共有 8 个，包括设施、露地栽培的蔬菜、西甜瓜、甘薯及粮食等产业；以畜牧养殖业为主的村 5 个，包括奶牛、商品猪、蛋鸡等产业；以农业二、三产业为主的村 5 个，包括民俗旅游和土地流转等。此外，种养结合或产业特色不突出的村有 6 个。

1.5 调研过程

按照调研目标，市农业局组织局属有关单位和部门、大兴和延庆两区县及镇村等领导和技术人员，依托中国农业大学的技术支撑，形成由大学教授、行政技术管理人员、市区县推广技术人员和大学在读的博士、硕士研究生以及大学生等 50 多人构成的调研团队。涉及种植、畜牧、农机、旅游等4 个行业 10 多个专业领域，调查和访谈农民共 803 名，其中参加座谈的农民 710 名，入户访谈农民 93 户。市、区县、镇村有 100 多人参与调研前期、中期和后期的组织、落实、协调、调研、座谈、回访、讨论及编辑等。2006年 2—8 月，历时 7 个月，经过方案制订、方法培训、实地调研、回访补充、报告编写、反馈修改等阶段，已完成 24 个村的村级报告、两个区县级报告（大兴和延庆）、部分专题报告（因需进一步实地调研充实，本汇编未包括在内）和市级调研总报告。

1.6 调研工具

本次调研采用的主要工具，包括半结构性访谈、社区资源图、机构关系图、季节历、打分排序、优劣势分析（SWOT 分析）、问题树和目标树等工具，问卷调查数据统计运用了 SPSS 以及 EXCEL 等软件，同时，充分收集和利用了当地提供的二手资料。

1.7 调研发现

将调研过程中农民提出的问题和需求进行汇总排序发现，有7个方面的问题受访农户的关注度达到50%～75%，从高到低依次是生产技术、组织化程度、科技培训、品种、市场、基础设施和信息。

（1）生产技术。超过75%的农户在访谈中提到生产技术是影响当前农业生产潜力进一步发挥的主要原因。有些农民反映目前的许多生产技术落后，遇到生产技术问题，只有自己克服或与邻居或与商贩交流解决，很少有技术人员来村里及时指导。农民反映：一是土壤菌核病、土传病害严重，不知道如何防治；不知道土壤缺啥，施肥盲目。二是不会识别病虫害症状，打药蒙着打，农药选配、高效药械、科学综合防治技术缺乏。三是设施机械缺乏，卷帘机经常出故障，无法得到及时维修，使作物因草帘覆盖时间长而打蔫死亡。四是果树剪枝及高效管理技术和果园打药、施肥、除草等机械及实用技术缺乏。五是畜牧养殖户反映不懂饲料营养配方，经常一种饲料大小牛一块喂，普遍缺乏基本的防治疫病知识和消毒技术，免费发放的消毒药不会使用，有的甚至将两种不同类型的消毒药物混合错误使用，使药效降低。

（2）组织化程度。调研中超过70%的受访农户强烈要求提高组织化程度，成立农民自己的专业协会、农民合作组织。目前，多数农民仍然处于落后的生产方式，各家各户根据自己的意愿和掌握的信息安排生产，独自购买生产资料，生产的产品基本靠自己去周边农贸市场销售或地头商贩收购，一家一户的农民无法讨价还价。有些村成立了协会，但没有发挥作用，只是买些生产资料和种子，不帮助农民销售农产品。农民希望成立自己的组织，联合起来共同面对市场，提高种植养殖生产收益。已成立协会的，希望协会发挥更大作用，带领会员共同致富，联合抵御自然和市场风险。

（3）科技培训。在调查的24个村中，绝大多数村的农民反映多年没有获得技术培训了。获得培训的6个村，多数农民反映培训内容听不懂、实用性不强。16个村的受访农民强烈呼吁增加有针对性的、与生产结合紧密、实操性强的技术培训。尽管有的村一年可组织七八次的技术培训，但农民反映效果不理想。一是因为有的专家讲课理论性强，与实际结合不紧密。二是因为培训时间短，几个月生长期的栽培管理技术在短短 2～3 小时内讲完，不好消化。

（4）品种。许多农民都已经意识到生产品种严重退化、缺乏更新，会影响生产收入，但担心不懂技术种新品种减产，怕市场销售不好，增加风险。因此，将近 60％的农户希望有政府农业技术部门到村里示范优良作物和种畜禽品种，同时提供配套技术指导，帮助分析新品种市场行情，指导市场销售。

（5）市场。有些村因生产分散，形不成规模，吸引不了龙头企业的订单以及商贩上门收购，农户基本上处于自产自销的生产格局，很难抵御市场风险。农民对市场问题的反映，主要集中在三个方面：一是市场信息滞后，不知市场要什么；二是农产品销售渠道单一，已收获的鲜活产品不知卖给谁；三是产业化程度低，生产规模小，既不知市场要多少，也不知道生产多少能满足市场需求。农民希望有针对性地解决这些问题，提高他们应对市场变化的能力。

（6）基础设施。农村基础设施建设的滞后已经成为村镇农业产业发展的重要限制因子。85％的调研村反映水、电、路、渠、设施、设备、网络等基础的改造和建设缺乏资金，对经济基础条件差、无资金积累的村镇很难靠自我发展解决，制约了当地农民增收致富。

（7）信息。调研中超过 50％的农民提到了与信息有关的问题和需求，集中在以下三个方面：①缺乏农产品市场信息。农民反映农产品销售渠道少，农民选择余地小，不能直接进入市场，中间环节过多，使农产品售价低，影响农民收入。②缺乏农业技术信息。目前信息来源渠道单一，只能通过收看电视、农户及商贩间交流等渠道了解生产技术、销售信息。③缺乏支农政策信息。调查中发现，虽然党和政府出台了一系列支农政策，但农民了解并不多，他们希望能及时获得此方面信息。

1.8　重大启示

通过调研使我们更加明确，实现建设新农村的目标，必须首先立足于农村生产发展，始终把发展农村生产力放在第一位，通过着力解决农民生产中存在的问题与需求，加快优势产业的发展，促进农民增收、农业增效、农村经济快速发展。

（1）调整科技攻关重点，解决阻碍产业发展的关键技术。根据农民生产中遇到的动植物疫病综合防治问题、土壤线虫危害问题、设施蔬菜高产高效问题、舍饲养殖技术配套问题、测土施肥与养分综合管理问题，重点组织攻关，整合在京科研机构和高等院校的科研优势，发挥市区县技术推广体系优势，联合开展重大关键技术研究与示范，为产业发展提供科技支撑。

（2）调整试验、示范重点，提供农民生产需求的实用技术。农民对于新品种、新技术和新产品的渴求超出许多调研人员的想象。根据农民提出的缺少瓜菜新品种及配套的高效栽培技术、植保用药技术、科学施肥技术、畜禽饲料配方和科学饲养管理技术及常见病防制和消毒技术、设施机械、果园剪枝技术等，调整试验示范项目重点，满足农民对生产实用技术的需求，提高农业综合生产能力。

（3）调整技术培训重点，开展针对性、实用性、实操性强的技术培训。改变现有的单一以专家讲课为主的技术培训模式，根据农民自身素质和特点，按照农民对培训的需求，开展实操性、针对性、互动性、实用性强的技术培训。围绕都市型现代农业发展目标，结合京郊优势产业和特色、唯一性产品生产，以村为单位，以农民需求为核心，采用启发式、参与式、互动式的培训方式，提高培训效率，增强培训效果，提高农民综合素质。尽快培养和建立农民技术辅导员队伍，尽快研究建立培训效果评价指标体系，充分利用现有社会资源，开展时效性强的农民技术培训。

（4）调整单一技术服务方式，提供综合性、社会化服务技术。目前，多数科研机构和大专院校及技术推广部门，由于专业技术领域的局限，提供的技术专一性较强，甚至是生产上某一环节的单一技术，如品种、植保、施肥、饲料、防病、栽培等。但是农民面对的是整个生产过程全部的问题。因此，必须改进现有技术服务模式，提供全程技术与信息服务，根据农民接受能力和程度，将这些单一技术，集成整合，形成可操作、易接受、有效益、社会化的服务方式提供给农民。

（5）调整农业信息服务内容，提供市场、技术和政策信息。农民十分渴望能够及时获得农业生产所需的品种、技术、市场、价格及政策的信息，因此，应加强此方面信息的收集与发布。设立专门农业信息收集权威机构，进行相关信息分析预测和发布，帮助农民与企业架桥梁，促进农产品订单销售，减少农民生产和销售的盲目性。改善和加强推广服务的手段和方法，利用现有的广播、报纸、电视、远程教育网络等渠道，增加农业生产、销售信息发布量与发布频率。充分利用农村信息网络平台，有针对性地为农民提供系统、及时的农业技术信息和支农政策信息。

（6）调整基础设施支持重点，强化公益性服务设施建设。集中资金重点解决对生产影响大、依靠农户个体和村镇自身无法解决的公益性基础设施建设。重点完善农田水利基础设施建设，通过变压器增容、田间路拓宽平整、机井更新和提供节水灌溉设备等措施保证高效的农业生产用水电。增加畜牧养殖小区的数量，规范小区的设计，改善小区的基础设施，重点解决防疫设施、粪污处理设备，减少养殖业对环境的污染。加快更新和改造温室设施，提高保护地的能源、资源和生产效率，增加农民收入。

加大政府对影响全局的预测预报基础信息建立的支持力度。包括动植物疫病预警、病虫害测报、耕地质量预警、生物引进风险评估等系统的建设，确保农业生产和生态环境质量安全。

结合优势农产品布局，强化村级试验示范基地建设，为农民提供观摩与实践的试验基地，搭建技术人员、农户、专家学习交流的平台，加快技术成果转化与推广，促进农村科技进步与发展。

（7）调整农民服务组织支持重点，强化真正带领农民致富的合作组织建设。采取措施引导农村基层积极发展多种形式的合作经济组织，将分散的小规模生产农户组织起来，重点培育一批高质量、起作用的农村合作组织，通过利益共享和分配机制，形成一定规模的利益共同体，制订切实可行的规范管理措施，促使合作组织切实履行职责，共同为农民进行技术、市场、信息及产品销售等服务，共同创建产品品牌及应对自然风险和市场风险。引导帮助农民经济合作组织提高服务档次和水平，增强其辐射带动力，使其在农业产业化的形成和发展中发挥更大的作用。

（8）调整农资监管重点，强化整顿市场秩序，保障农民利益。将农资监管重点放在源头，强化三品生产企业监管力度，确保生产的产品优质、无公害，制定扶优打劣政策。针对设施栽培农民购买农资提前的特点，将阶段性农资集中打假时间前移元旦左右，加大对假冒伪劣农资商品的打击力度，整顿市场秩序，保障农民利益。创新执法打假技术手段，增强打假技术能力，建立和完善预警制度、督查督办制度、举报制度以及"黑名单"制度，开通"农资3·15"热线，给农民提供一个举报、投诉假冒伪劣农资的渠道。建立农业生产资料连锁配送网络，发展放心连锁店进村、实施三品销售人员资格准入，扩大良种、优质农资的覆盖面。加强农资商品产销、市场供应、生产经营成本及市场价格变化的调查、监测，及时发布预警信息，引导农民消费。

（9）明确职能，完善体系，加大农技推广力度。当前基层农技推广体系要明确自身承担的公益性推广职能，尽快与经营性、创收性工作剥离，深入基层，扎扎实实地为农民提供技术服务和培训。在发挥国家农技推广机构主导作用的同时，大力发展各类社会化农技服务组织。鼓励和支持各类经营性服务组织，开展农资连锁经营（配送）服务。

（10）加强对农民的政策宣传，完善支农扶农政策体系。在落实各项支农政策的过程中，注重政策的宣传和措施的细化，帮助农民理解政策的具体内容和支持方向，切实保证各项政策的落实。

2 调研背景

党的十六届五中全会提出社会主义新农村建设将实现"生产发展、生活宽裕、乡风文明、村容整洁、管理民主"，其中发展生产是首要任务，生产发展是物质基础。建设新农村必须以发展农村经济，提高农业综合生产能力为中心，脱离了这个中心，农村其他各项事业就缺乏坚实的物质基础；脱离了这个中心，农民就难以增收，和谐社会的蓝图再美也难以实现。

北京市委、市政府为贯彻落实《中共中央 国务院关于推进社会主义新农村建设的若干意见》（中发［2006］1号）指示精神，发布实施了《中共北京市委、北京市人民政府关于统筹城乡经济社会发展，推进社会主义新农村建设意见》，并要求各地区、各部门党政领导干部自觉地深入农村调查研究，总结典型经验，实现决策科学化，指导社会主义新农村建设顺利开展。在2006年市农村工作会议上，时任市长王岐山强调，"三农"核心是农民，新农村建设主体是农民，要把党的政策与农民生产生活实际需求紧密结合，提高各项工作的针对性、有效性。各级党委、政府和各部门要吃透中央精神，准确把握精神实质，深入实际开展调查研究；各区县要根据本地实际，实实在在推进"三农"问题解决。

市农业局为贯彻落实中央和市委、市政府文件及市领导讲话精神，深入京郊农村，开展农业"生产发展"农民需求调研，围绕优势主导产业，了解影响农民生产和增收的难点和问题，以及农民生产中的迫切需求，帮助他们搞好农业生产，帮助农民解决生产和生活中出现的问题，在发展生产的基础上提高生活水平。从经济学的角度来看，农民作为单个的个体，是最小的经济单元，是经济利益最大化追求者的最典型代表。要从宏观角度引导农民有序的组织起来，走农业专业化和规模化发展之路。要围绕农民需求谋划新农村建设，根据农民意愿推进新农村建设。

新农村建设的目标是通过加强农村基础设施建设和农村各项社会事业的发展，改善农民的生产和生活条件。随着北京市 2010 年实现农业现代化目标的提出和新农村建设的实施，市委、市政府在财政支出上也将逐渐向郊区倾斜，重点支持郊区基础设施建设和农业产业发展，通过政策和资金支持，逐渐实现京郊农业的现代化。深入农村调研，了解农民生产需求，可推动有关部门针对农民需求科学规划，调整投资重点，为加快新农村建设目标的实现提供科学依据。

3 调研目的与方法

3.1 调研目的

本次调研在新农村建设目标指导下进行。通过调研，发现阻碍农村、农业和农民在实现生产发展、生活宽裕等方面所面临的问题，了解农民在提高生产发展过程中的所需、所想、所盼，听取他们对存在主要问题的看法、想法和解决问题的具体意见和建议，从而进一步明确农业部门提供服务的重点和关键点，有针对性地凝聚科技、信息、市场、资金、管理等资源，加快农民发展生产瓶颈问题的解决，促进公共财政有针对性地向农村倾斜，按照农民意愿和农民需求推进新农村建设。

3.2 调研方法

3.2.1 参与式调研方法

参与式农村评估方法（Participatory Rural Appraisal），是由包括当地人员在内的多学科小组采用一系列参与式工作技术和技能来了解农村生活、农村社会经济活动、环境及其他信息资料，了解农业、农村及社区发展问题与机会的一种系统的调查研究方法。其最突出的特点是工作的全过程都强调农户的参与，从而使结果更具可操作性和真实性，易于被农户接受。在当代国际发展、政治、政策、社会等政策研究和实践领域，参与式发展几乎是出现频率最高的概念。无论从主导世界发展潮流的世界银行领导人，还是在一个社区中从事发展实践的管理者，都在应用参与式发展的概念。

"参与"的概念出现在20世纪40年代末期，在50—60年代中逐步发展到具有实践意义的"参与"式的工作方式方法。70年代以来，"参与"的概念逐步演化成了相对丰富的参与式发展理论体系。主要包含了四个方面的内容：①"参与"意味着发展对象在发展过程中的决策作用。他们不仅执行发展的活动，同时作为受益方也参与监测与评价。②"参与"主要是指在特定社会状况下发展的受益群体对资源的控制及对制度的影响。③"参与"是政治经济权利向有利于社会弱势群体进行调整的过程。④"参与"意味着在社会中构建全部社会角色相互平等的伙伴关系。

20世纪90年代以后，参与的含义在实践领域发展为利益相关各方共享资源、共同决策。

参与式农村评估具有以下几个特点：

（1）改传统的"自上而下"为"自下而上"。参与式农村评估和调研改变了传统的上级下达任务，层层下达，基层落实的"任务型"工作方法，把发言权、分析权、决策权交给了当地人民，直接与农民沟通和交流，获取最直接、最真实的发展状况和需求信息反馈给建议和决策部门。

（2）灵活。PRA使用了一系列新的方法如画图、图解、建模、分类、排队、打分等，可以根据不同的人群和当时的场景灵活选择。整个调研的过程可视、形象化，而不仅是使用语言。基于小组而不是个人分析，进行比较而不是度量。

（3）摈弃偏见。调研人员不讲课、不给指示或在项目中处于支配地位，而是协助当地村民一起从不同角度分析问题，以便找到新的解决方案。将不同层次、不同背景和各种身份的村民分成不同调研小组（男农民组、女农民组和村干部组、协会组等），从不同的来源、使用不同的方法来一起研究信息，不断地检验，以减少偏见。

（4）注重学习与能力建设。一方面，参与调研的过程也是村民与专业技术人员一起发现问题、分析问题、提出建议的过程，在找到问题解决办法的同时，也提高了分析问题和交流沟通能力；同时，调研的过程中参与调研的专业技术人员深入实际了解生产问题，锻炼了自身的业务能力，提高了技术水平。

　　参与式发展的关键点是赋权，而赋权的核心则是对参与和决策发展援助活动全过程的权力再分配，简言之，即增加社区和普通群众，包括妇女在发展活动中的发言权和决策权。对政府和发展援助机构来说，首先，是赋权给农村的村（组）。通过充分听取村（组）的意见和放大村（组）在决策中的声音来实现农户的参与。参与式发展不仅强调目标农户和目标村（组）参与发展项目的实施过程，更重要的是参与对发展目标的方向和内容的决策，即参与决策的全过程。其次，在村（组）内部，对村（组）的"精英"（包括正式和非正式的领导）来说，是赋权给普通群众，包括妇女或是"社会边缘化的群体"的过程。这一过程有着特别重要的意义，因为在大多数情况下，尤其在广大尚不富裕的农村地区，穷人和妇女不仅在社会经济生活中被边缘化，而且在社会政治和文化生活中也被边缘化了。赋权给穷人和妇女的过程是重新唤回穷人和妇女对自身能力和知识的自信和重建自尊的过程，这对构建农村的自我发展能力和增加农村的社会资本来说是至关重要的。

　　在农村社区中，很多经济发展的问题不仅受到诸如经济投入等方面因素的制约，还往往被社会、文化等其他方面因素或事件所影响，而以往的"见物不见人"的工作方式使我们在推进农村发展过程中走了很多弯路。因此，引入参与式调研方法，从以人为本的思想出发，树立科学发展观，全方位、多角度获取社区各方面的信息，不仅有助于我们深入了解农村发展的制约因素，而且有助于以后项目实施的顺利进行。

　　基于参与式理念设计的调研方法是一种调查和被调查者共同进行的鼓励双方共同参加问题分析的调查方法，其基本概念认为农民并不是无知的，最能了解农民的恰恰是农民自己。它的核心是以人为本，是赋权，是调查者与被调查对象之间价值的认同。通过调查者与目标群体平等沟通，使被调查者主动参与到有关问题、发展潜力的讨论、分析和制订解决问题方案的过程中，从调查者方面，变"我们为农民工作"为"我们和农民一起工作"。这种有农民自身参与的调研活动可以在了解农民生产需求的同时启动内源发展动力并激发当地人的责任感。一旦农民感受到这是一个为自己利益而进行的研究时，他们会表现得更负责任，更认真和更主动积极地参与，所反映的数据、资料、信息比单纯被动的调查更加准确真实，其实际应用的价值更大。

　　本次调研主要采用参与式的方法和工具，包括半结构性访谈、社区资源图、机构关系图、季节历、打分排序、优劣势分析和问题分析等工具（表

1)。辅以问卷调查、二手资料收集的方式进行调查，在数据资料的录入及分析方面运用了 SPSS 以及 EXCEL 等软件。

表 1　部分调研工具选用情况

调研内容	首选工具	分组运用
区域资源优势	社区资源图，季节历	干部组
产业现状及问题	打分排序、问题树	所有组
农民需求分析	排序、机构图、因果图	所有组
发展潜力分析	SWOT 分析	所有组
发展设想	半结构、社区图	所有组
对策和建议	目标树	所有组

3.2.2　调研样本村的选定

根据调研目标，本次调研活动选取北京郊区县中有代表性的大兴区和延庆县作为平原和山区的区域样本区县，通过与区县相关部门领导和技术人员进行座谈，具体了解当地农村社会经济发展状况、产业发展特色及产业发展规划和新农村建设试点的实施情况等，目的在于全面把握样本区县农业产业发展的情况。由于时间、人力、物力方面因素的限制，本次调研只能选取一部分村作为样本进行调研活动。根据产业类型、新农村建设的重点村的综合考虑，选择了大兴区 14 个村庄、延庆 10 个村庄作为样本村。其中，以种植业为主的村共有 8 个（表 2），包括设施蔬菜、西瓜、黄瓜、甜瓜和甘薯等特色产业，以养殖业为主的村 5 个（表 3），旅游为主的村 4 个（表 4），6个产业特色不突出（表 5），此外大兴区采育镇东半壁店村作为劳动力转移的样本村也参与了调研。

表 2　种植业样本村

编号	村　　庄	产业类别
1	大兴区长子营镇北蒲州	蔬菜
2	大兴区长子营镇白庙村	设施蔬菜
3	大兴区礼贤镇紫各庄村	番茄
4	大兴区榆垡镇西黄垡村	黄瓜
5	大兴区庞各庄镇东梨园村	西甜瓜
6	大兴区庞各庄镇赵村	甘薯
7	延庆县康庄镇小丰营村	蔬菜
8	延庆县永宁镇前平房村	蔬菜

表 3　养殖业样本村

编号	村　　庄	产业类别
1	大兴区安定镇佟营村	牛
2	大兴区庞各庄镇薛营村	牛
3	大兴区榆垡镇王家屯村	猪
4	大兴区榆垡镇南张华村	鸡
5	延庆县旧县镇大柏老村	牛

表 4　乡村旅游样本村

编号	村　　庄	产业类别
1	大兴区庞各庄镇梨花	梨园
2	延庆县千家店镇排字岭	种植
3	延庆县井庄镇柳沟村	民俗
4	延庆县八达岭镇里炮村	苹果、旅游

表 5　产业特色不突出样本村

编号	村　　庄	产业类别
1	大兴区礼贤镇黎明村	种养结合
2	大兴区榆垡镇辛安庄村	种养结合
3	延庆县沈家营镇沈家营	不明显
4	延庆县旧县镇小白河堡	库区移民
5	延庆县千家店镇花盆村	不明显
6	延庆县张山营镇小河屯	不明显

　　从这些村的产业特色和分布来看，基本上涵盖了目前京郊农村以种植、畜牧生产发展为主和以民俗旅游为主的产业类型，能够代表目前京郊一产发展的基本情况，反映农业一、二、三产业发展中的主要问题，因此，调查结果必然能够在相当程度上反映目前京郊农业生产发展过程中农民的主要需求。

3.3　调研过程

3.3.1　组建联合调研组

本次调研是在市委、市政府的大力支持，市农业局主要领导统一指挥，各业务处室的积极配合和帮助，由市农业局科教处负责组织协调，中国农业大学提供调研技术方法支持，大兴和延庆两区县的区（县）、乡（镇）、村各级领导支持和帮助下才得以顺利完成的。调研队伍的组成也汇集了各方面、各层次、各领域的精干力量。共抽调了市农业局机关干部 10 名、所属各业务站所 20 名以上的管理干部和技术人员、中国农业大学人文与发展学院 2 名教授和 10 多名学生参加了本次调研的培训和实施，大兴区农委、种植业服务中心、畜牧水产服务中心和延庆县种植业服务中心的有关技术人员参加了调研培训并在调查各自区县时作为调研成员参加了调研。

根据调研样本村的产业特色和生产发展状况，将所有调研人员分成若干小组。在分组的过程中，充分考虑了每个调研人员各自的专业特点和知识背景，将不同专业的技术人员分配在与其专业相对应的特色产业样本村。同时将农大的老师和同学在调研理论和调研方法等方面的优势以及专业技术人员在基层实践方面和擅长与农民沟通等优势结合起来，一方面便于收集资料、进行访谈和分析问题，另一方面也能够在调研过程中尽可能帮助农民解决生产中遇到的实际问题，促进技术人员专业知识的应用和农民解决生产问题的能力提高。

3.3.2　调研村的分类

此次调研共涉及 14 个镇 24 个村，其中 2006 年北京市新农村建设试点村 7 个，辐射村 17 个。由于两个区县的自然条件和经济发展基础有很大差异，因此在按照经济发展类型划分的过程中，只是根据当地的经济水平做一个相对的划分，将大兴的 14 个村划分为富裕村和一般村两个类别，而将延庆的 10 个村划分为富裕村、一般村和发展相对缓慢三个类别（表6、表7、表8）。

大兴区的 14 个村按照人均纯收入 9 000 元为标准，将人均收入在此标准以上的大兴王家屯村、南张华村、西黄垡村、薛营村作为相对富裕村的样本，其他 10 个村为经济发展一般村的样本，包括辛安庄村、东梨园村、梨花村、赵村、东半壁店村、北蒲州营村、佟营村、白庙村、紫各庄村、黎明村。

延庆县10个调研样本村的人均收入平均为7 481元，按照人均收入水平的高低分为富裕村、一般村和发展相对缓慢村三种经济发展类型的村级。其中人均收入8 000元以上的为富裕村，人均收入4 500～8 000元的为一般村，人均收入4 500元以下的为发展相对缓慢村。按照该划分标准，富裕村分别是小丰营村、里炮村和大柏老村，一般村分别是沈家营村、柳沟村、排字岭村和前平房村，花盆村、小白河堡村和小河屯村属于发展相对缓慢的村。

表6　调查富裕村经济和产业发展

村　　庄	主导产业类型	新农村试点村	
		市级	区（县）级
大兴区榆垡镇南张华	鸡		√
大兴区庞各庄镇薛营	牛		√
大兴区榆垡镇西黄垡	设施蔬菜		√
大兴区榆垡镇王家屯村	猪		√
延庆县康庄镇小丰营村	蔬菜		√
延庆县八达岭镇里炮村	苹果，旅游		
延庆县旧县镇大柏老村	牛		

表7　调查一般村经济和产业发展一览表

村　　庄	主导产业类型	新农村试点村	
		市级	区（县）级
大兴区安定镇佟营	牛	√	
大兴区长子营镇北蒲州	蔬菜	√	
大兴区长子营镇白庙	设施蔬菜		√
大兴区礼贤镇紫各庄	番茄		√
大兴区礼贤镇黎明	种养结合	√	
大兴区庞各庄镇梨花	乡村旅游	√	
大兴区庞各庄镇赵村	甘薯		√
大兴区庞各庄镇东梨园	西甜瓜		√
大兴区榆垡镇辛安庄	种养结合	√	
大兴区采育镇东半壁店	土地流转	√	

（续）

村　　庄	主导产业类型	新农村试点村	
		市级	区（县）级
延庆县千家店镇排字岭	种植，旅游		√
延庆县沈家营镇沈家营	综合		
延庆县井庄镇柳沟村	乡村旅游	√	
延庆县永宁镇前平房村	蔬菜		

表8　调查相对缓慢村经济和产业发展一览表

村　　庄	主导产业类型	新农村试点村	
		市级	区（县）级
延庆县旧县镇小白河堡	库区移民，种植		
延庆县千家店镇花盆村	种植		
延庆县张山营镇小河屯	综合		

3.3.3　参与式方法培训

由于北京农业调研首次引入自下而上的参与式的农村评估方法，多数参与调研的技术人员不掌握此方法应用技能，因此需对参加调研的所有人员进行系统培训和演练。2月15—17日在通州农业干部培训中心进行了为期3天的培训，邀请中国农业大学人文与发展学院王德海教授、刘林副教授，对来自市农技推广站、市植保站、市种子站、市畜牧兽医总站、市兽医卫生监督所、市兽医实验诊断所、市农机推广站及大兴和延庆的50余名技术人员，就参与式农村评估方法进行了系统培训。通过培训，学员掌握了参与式农村评估方法的基本理念，以及半结构访谈、社区资源图、季节历、"H"评价法、问题树、优劣势分析、机构联系图、历史演变与发展趋势图等主要农村评估工具。为调研工作的顺利开展、信息数据的真实准确获得提供了可靠的技术保障。

3.3.4　实地调查

实地调查工作之前，大兴区农委和延庆县种植业服务中心进行了精心组织和周密部署。实地调查前一周，分别组织召开了调研样本乡镇及村负责人动员会议，部署调研方案，强调调研的重要性和方法的特殊性，根据村主导产业有针对性地组织男性和女性农民及村干部，准备座谈地点，提前安排好入户受访农民，安排好调查人员的食宿及交通。实地调研当天，又组织本区县农口技术人员参与小组调研并负责当地村镇协调工作。自 2006 年 2 月 20 日开始，首先对大兴区安定镇佟营村、长子营镇北蒲洲营村和庞各庄镇梨花村进行了问卷调查，共调查农户 93 户，取得有效问卷 91 份。20 日下午开始进行小组访谈，到 23 日完成了对大兴和延庆的实地调研。每天的实地调研都利用晚饭后的 3 个小时对当天的调查情况进行总结，及时沟通调研过程中遇到的问题，总结在方法上和过程中取得的经验，并进一步调整和完善下一步的调研计划。

为了降低被访农民由于所处地位、职位、背景和性别等不同带来的相互干扰，确保受访农民无顾虑地、真实地反映自己生产中的问题和需求，调研过程中将参与调查的农户分成三个组，即男农民组、女农民组和村干部组，运用参与式、互动式的方法对受访农民调研，详细了解村民在生产发展过程中面临的问题与需求，运用调研工具与农民一起对问题进行了分析并排序。在 24 个调研村共组织了 40 个访谈小组，参与的村民人数 803 人，占受访村村民总人数的 3.47%。其中，男性村民参与人数为 355 人、女性村民参与人数为 236 人、村干部参与人数为 119 人（表9）。

表9 受访村及参与小组访谈的村民人数

区县	乡镇和村名	村总人口（人）	参与小组访谈人数（人）					参与比例（%）
			男子	女子	干部	问卷	合计	
大兴①	安定镇佟营村	662	20	8	4	32	64	9.67
	采育镇东半壁店村	1 008	17	6	7		30	2.98
	长子营镇白庙村	552	12	15	5		32	5.80
	长子营镇北蒲洲营	778	20	10	4	29	63	8.10
	礼贤镇黎明村	464	16	3	10		29	6.25
	礼贤镇紫各庄村	1 040	19	7	5		31	2.98
	庞各庄镇梨花村	1 030	15	10	5	32	62	6.02
	庞各庄镇东梨园村	510	17	11			28	5.49
	庞各庄镇薛营村	2 100	20	9			34	1.62
	庞各庄镇赵村	1 610	19	8			27	1.68
	榆垡镇南张华村②	810	11	15	6		32	3.95
	榆垡镇王家屯村	274	16	9	5		30	10.95
	榆垡镇西黄垡村	905	6	16	5		27	2.98
	榆垡镇辛安庄村	786	10	9	5		24	3.05

（续）

区县	乡镇和村名	村总人口（人）	参与小组访谈人数（人）					参与比例（%）
			男子	女子	干部	问卷	合计	
延庆	旧县镇大柏老村	2 120	8	15	5		28	1.32
	旧县镇小白河堡村	236	18	16	5		39	16.53
	康庄镇小丰营村	1 900	15	12	7		34	1.79
	八达岭镇里炮村	335	9	8	6		23	6.87
	永宁镇前平房村	315	15	13	3		31	9.84
	千家店镇花盆村	850	18	4	8		30	3.53
	千家店镇排字岭村	1 600	21	6	6		33	2.06
	井庄镇柳沟村	1 012	15	13	3		31	3.06
	张山营镇小河屯村	1 567	6	11	4		21	1.34
	沈家营镇沈家营村	675	12	2	6		20	2.96
总计		23 139	355	236	119	93	803	3.47

注：①大兴区的佟营、北蒲洲营村和梨花村除小组访谈外，还对93户农民进行了问卷调查；②根据实际情况，调研过程中将该村参访农户分为协会组、综合组和干部组。

3.3.5　撰写报告

在方法培训和二手资料分析的基础上，通过实地调研获取第一手信息，在总结交流的基础上每个小组开始报告的撰写。各调研小组在撰写报告的过程中，不定期集中对报告内容进行讨论和交流，在充分讨论的基础上最终形成24个村级报告。

在初步编写出的村级报告基础上，安排两名熟悉区县情况的同志牵头组成两个区县报告的编写小组，对各区县有关村庄的调研信息进一步提炼汇总后编写出两个区县报告，带着初步形成的结果回到有关区县和村庄进行信息反馈，听取有关领导和群众的意见和建议，对村和区县报告进行修改和完善，并在村和区县报告的基础上凝练成全市总报告。整个调研过程也是一个参与者学习的过程，更是一个能力建设的过程。

4 农业生产发展现状分析

4.1 大兴区基本状况

4.1.1 基本情况

大兴地处北京南部，是距市中心最近的郊区县。全境属永定河冲积平原，总面积 1 036 平方公里，是北京平原面积最大的地区。耕地面积 57.6 万亩，辖 14 个镇、3 个街道办事处、4 个地区办事处，526 个行政村，常住人口 88.6 万人，流动人口 40 万人，农业人口 33.8 万人，截至 2005 年底，全区共有乡村从业人员 229 955 人，其中：一产从业 73 622 人，占从业总人数的 32%；二产从业 55 839 人，占就业总人数的 24.3%；三产从业 100 494 人，占就业总人数的 43.7%。

大兴区具有丰富而优质的自然资源，农业基础优势明显，是首都重要的绿色农产品基地和生态旅游基地。近几年，以富民和农业的可持续发展为目标，围绕开发农业生产的"生产、生态、生活"功能，围绕精品农业、设施农业、节水农业、观光农业四个关键环节，因地制宜调整农业结构，发展农业产业化经营，加快实施了"兴果富民、兴牧富民"两大工程、农业标准化和农产品安全生产两个体系建设，不断创新农业发展模式，大力促进农业向二、三产业和市场的延伸，大力发展都市型现代农业，提高了农业综合生产能力，带动了农业经济的发展。2005 年，全区农林牧渔业总产值 39.5 亿元，种植业产值占农林牧渔业总产值的比重达到 45.9%，牧业产值占农林牧渔业总产值的比重达到 52.6%。培育和发展了蔬菜、西甜瓜、果品、甘薯、花卉、生猪、奶牛、肉羊、家禽等主导产业，生产规模进一步扩大，已分别发展到 21 万亩、10 万亩、20 万亩、5.4 万亩和 7 000 亩，生猪出栏 70.1 万头、奶牛存栏达 2.6 头、肉羊出栏 84.4 万只、鲜蛋产量 3 549 万千克。

大兴区具有良好的生态区位条件，农业观光和乡村旅游蓬勃发展。近几年已建成采育万亩葡萄观光园、安定古桑园、庞各庄万亩梨花庄园、魏善庄千亩精品梨园等一批各具特色的旅游、观光采摘精品园。留民营村被国家旅游局评为首批国家级农业旅游示范点，老宋瓜园、御林古桑园、采育葡萄观光园、绿得金生态观光园等 8 个观光园达到星级标准，成为大兴农业观光旅游跃上新台阶的标志。以东方绿洲生态餐厅、清苑春景生态餐厅、绿邦生态餐厅、派尔庄园等为代表的生态餐厅烘托出了农业观光的氛围。旅游节庆活动为农业观光发展锦上添花，每年从春天的"梨花节""桑葚节"到秋天的"春华秋实""梨王擂台赛""采育葡萄文化节"等活动不断，精彩纷呈。旅游节庆活动的开展不但展示了良好的自然生态环境和"绿海甜园，都市庭院"的自然美景，而且直接促进了农产品的销售和相关产业的发展。据初步统计，大兴乡村旅游已发展到 7 个镇 14 个村，183 个市级乡村旅游接待户。2004 年大兴农业观光旅游收入达到 2 509 万元，占旅游总收入的 9%。庞各庄镇和北臧村镇还涌现出了年接待游客收入近 10 万元的乡村旅游接待户。目前，农民观光和乡村旅游已成为大兴区国民经济的增长点和新兴产业。

4.1.2 问卷调查结果

本次进行问卷调查共有 3 个样本村，分别为大兴区安定镇佟营村、长子营镇北蒲州营村、庞各庄镇梨花村，总样本量为 93 户，有效样本 91 户，共调查 367 人。其中汉族 63.7%、回族 36.0%、满族 0.3%。因为调查样本村中有一个为回民村，因此回族所占比例较大。接受调查的村民包括乡级以上干部 5 人，占 1.4%，村干部 8 人，占 2.2%，其他均为普通村民。残疾人占 1.9%，慢性病者占 4.6%。平均家庭人口数为 4.05 人，家庭人数最少的为 2 人，最多的为 7 人。其中以 3 口人和 4 口人的家庭为主，两项占到所调查农户的 58.7%。

（1）人口与劳动力。被调查的农户家庭中共有人口 367 人，其中男性 199 人，占 54.2%，女性 168 人，占 45.8%。调查农户中共有劳动力 272 人[①]，其中男性 147 人、女性 125 人。

表 10　样本人口基本特征

	人口数		劳动力数		外出打工人数（个）
	人数（个）	比例（%）	人数（个）	比例（%）	
男	199	54.2	147	54.0	31
女	168	45.8	125	46.0	15
合计	367	100.0	272	100.0	46

---

① 按照 18～60 岁的劳动力年龄来计算。

在被调查的农户中，经常外出打工的劳动力 46 人，其中男性 31 人、女性 15 人，共占总劳动力比例的 16.9%，其中又以 6 个月以上及全年外出打工的劳动力为多，占外出打工人数的 70.8%（图 1）。

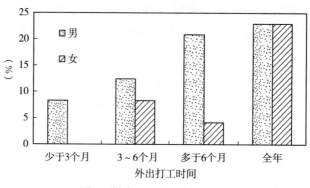

图 1　样本人口外出打工状况

（2）受教育程度。对样本人口的受教育程度进行分析可以发现（图 2），就人口所占比重衡量，排在前三位的依次为初中、小学、高中，分别占到总人口比例的 36.6%、29.5% 和 14.4%，文盲的比例仅为 7.9%，而高中以上的高学历人才在人口中也有一定的比例（11.6%），这一比例比要高于全国其他地区农村劳动力受教育程度。

从图 2 可以看出，男性的受教育程度要稍微高于女性，主要表现在女性小学教育程度和文盲人员的比例要大于男性成员，而男性成员在初中、高中及高中以上的高学历层次方面要高于女性。

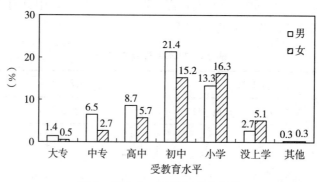

图 2　样本人口受教育程度状况

对劳动力的受教育程度进一步分析可以看出，受教育状况与年龄呈反比趋势，在 18～30 岁年龄段，主要以高中和中专文化程度为主；31～45

岁年龄段则主要以初中为主；而46～60岁主要以小学和初中为主。此外，18～30岁年龄段没有文盲，31～45岁年龄段和46～60岁年龄段的没有大专及以上文化程度的人。从这一结果可以看出，年轻的农业从业人员具有较高的受教育水平，他们也是当前农业生产的生力军和未来相当长一段时间农业生产的主力军，已经具备了较好的知识储备和认识水平，因此为他们组织更多、更有效的技术培训，利用更多的渠道了解技术、市场和服务信息以及更快地接受组织化管理的理念，是做好农业生产重要的智力储备。

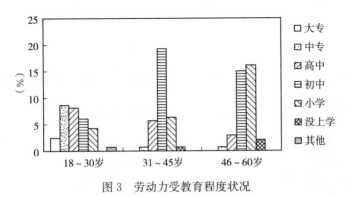

图3 劳动力受教育程度状况

（3）家庭收入情况。对农户样本收入情况进行总体分析可以发现，农户主要的收入来源主要包括种植业收入、工资收入、打工收入三大块（表11）。总收入额为59.73万元/年，户均收入2.13万元/年，人均5 149元/年。

从整个收入来源可以看出，被调查农户收入的主要来源主要为种植业收入，该项收入占到整个收入结构的47.75％。除种植业、养殖业、工资收入、打工收入四项外，农民其他收入几乎没有，补贴等很少。

表11 家庭收入主要来源

收入项	调查农户总金额（元）	户均金额（元）	单项收入占总收入的比例（％）
种植业	998 213	10 850	43.99
打 工	501 725	5 454	22.11
养殖业	466 360	5 069	20.55
工 资	278 200	3 024	12.26

（续）

收入项	调查农户总金额（元）	户均金额（元）	单项收入占总收入的比例（%）
村集体补助	11 200	122	0.49
子女给老人的赡养费	3 500	38	0.15
养老金	1 500	16	0.07
家庭退耕补贴金额	1 400	15	0.06
家庭房租收入	1 000	11	0.04
退耕补贴粮折款	630	7	0.03
其他	5 359	58	0.24
合计	2 269 087	24 664	100.0

（4）家庭种植业收入。91户调查户中，共有耕地697.8亩，平均每户7.6亩。其中水浇地504.7亩，平均每户5.5亩，旱地193.1亩，平均每户2.1亩。大棚20.2亩，户均2.2亩，温室3.2亩，户均0.3亩。果园193.4亩，户均2.1亩，林地34亩，户均0.4亩，苗圃2亩，户均0.02亩。具体情况见表12。

表12 家庭拥有耕地状况

单位：亩

	耕地	水浇地	旱地	大棚	温室
总计	697.8	504.7	193.1	20.2	3.2
户均	7.6	5.5	2.1	2.2	0.3

参与此次问卷调查的农户种植的主要农作物有小麦（51户）、玉米（54户）、红薯（20户）、桃（17户）和油菜（19户）。

被调查户在种植业中毛收入近100万元，总计投入约为33.9万元，纯收入近60万元。其中露地瓜果蔬菜种植毛收入超过51万元，除去各项投入纯利润超过31万元，占整个种植业总利润过半，而其种植面积占总面积约半，在调查中利润最高。对种植业的具体收支情况分析结果见表13、表14、表15。

表 13　种植业（粮食和林果业）收入明细表

单位：元

作物品种	总毛收入	总支出	总纯收入	亩均收入
小麦	145 680	75 345	70 335	389
玉米	124 064	51 102	72 764	325
红薯	119 340	45 436	73 904	1457
花生	11 204	4 670	6 534	529
总计	400 288	101 492	223 253	

表 14　种植业（露地瓜果蔬菜）收入明细表

单位：元

作物品种	总毛收入	总支出	总纯收入	亩均收入
梨	222 673	100 220	122 453	2 015
西瓜	108 745	46 845	61 900	10 875
桃	83 555	22 517	61 038	1 484
菠菜	25 060	8 003	17 057	3 213
油菜	21 450	6 300	15 150	1 384
香菜	17 018	6 880	10 138	2 701
茄子	14 500	5 750	8 750	2 231
西红柿	12 650	950	11 700	2 040
茴香	5 115	2 070	3 046	1 279
莴笋	3 200	1 605	1 596	1 280
冬瓜	1 600	600	1 000	800
白菜	1 200	200	1 000	240
小白菜	1 000	600	400	1 000
黄瓜	400	300	100	1 000
豌豆	200	360	160	667
总计	518 366	203 119	315 247	

表 15　种植业（设施瓜果蔬菜）收入明细表

单位：元

作物品种	总毛收入	总支出	总纯收入	亩均收入
油菜	30 850	10 490	20 360	3 905
西红柿	12 330	7 180	5 151	2 936
莴笋	8 200	3 000	5 200	1 025
蒿子秆	7 490	5 850	1 640	2 456
芹菜	5 910	1 250	4 660	2 570
香菜	4 500	1 650	2 850	3 000
辣椒	4 400	1 800	2 600	1 833
黄瓜	3 300	1 840	1 460	1 941
茄子	2 000	1 100	900	400
冬瓜	400	220	180	2 000
总计	79 460	34 430	45 030	

　　进一步对整个种植业的支出结构进行分析可得出如下结果：从表 11 中可以看出，种植业支出主要用于基本农业生产资料的购买，包括种子、化肥、农药、地膜等，总计 248 139 元，占总支出 78.7%，用于雇工、机耕等规模化生产运作的费用较少，合计 11 196 元，仅占总支出 12.3%。

表 16　种植业支出明细表

	金额（元）	百分比（%）
种子购买投入	46 551	14.76
种子自留投入	5 943	1.88
尿素	65 625	20.81

（续）

	金额（元）	百分比（%）
二铵	42 503	13.48
碳铵	7 200	2.28
硫铵	1 735	0.55
复合肥	7 906	2.51
农家肥	15 110	4.79
其他肥料	4 303	1.36
除草剂	13 012	4.13
杀虫剂	22 025	6.98
杀菌剂	4 865	1.54
塑料农膜	3 535	1.12
塑料地膜	7 726	2.45
其他生产资料	100	0.01
雇工费	12 570	3.99
灌溉费	26 135	8.29
机耕费	24 193	7.67
其他投入	4 370	1.39
合计	315 407	100

（5）家庭养殖业收入情况。调查中共有 23 户有不同规模的养殖，以佟营村为主（21 户），主要养殖牛羊，另有一户养鸭收入较为丰厚。其中饲养奶牛的总收益最高，养羊并出售羊毛和羊肉的收益较低，规模小（共 8 户饲养，到 2005 年底存栏只有 57 头）。具体细目见表 12、表 13。

表 17　养殖业产品销售状况

种类	销售量	单位均价（元）	总金额（元）
肉牛	14（头）	2 500	35 000
牛奶	165 880（千克）	1.7	282 000
羊毛	23（千克）	11	260
羊肉	95（头）	222	21 100
鸭	7 000（只）	16.5	115 500
奶牛	2（头）	4 000	8 000
猪	60（头）	600	36 000
合计			466 360

表 18　养殖业饲料投入情况

	数量（千克）	金额（元）	来源
玉米	90 250	34 607	主要自产
麸皮	32 725	30 675	主要购买
饼粕	52 400	54 690	购买
玉米秸秆	70 000	900	自产
饲料	303 500	108 180	购买
干草	64 000	6 400	主要自产

　　种苗投入只有两户，其中一户为 32 000 元（外地购买），另一户为 520 （其他农户购买），差距大且来源不同（表 19）。

表 19　养殖业其他费用投入情况

	种苗	医药费	水电费	设备投入
总金额	32 520	11 760	9 782	18 000
来源	农户和外地	镇兽医站	—	购买

（6）家庭生活消费支出情况。生产支出已经在前文中有了详细阐述，因此该部分主要分析农户家庭生活方面的消费支出，包括有吃、穿①、住②、用、行、教育、医疗以及其他八大方面。该部分问卷中摒弃无效数据后，共有有效样本量 87 户。

从以上分析我们看到，村民 66% 的支出用于维持家庭基本生活和老人小孩的抚养上。这两部分支出占了全年支出的最大比重。

此外，用于交通及与外界联系方面的支出，包括交通费、交通工具维护费，邮电及通信费等，此三项支出总金额为 1 347 元，占全年支出总额的 10%，处于相对较低的水平。用于娱乐和保险，如住房装修装饰费、文教娱乐费、医疗保险费之类的"奢侈性消费"的支出也较少，户均 944.31 元，占全年总支出 13%。

（7）借贷。在对农民的借贷情况调查中了解到，61% 的农户遇到资金困难时会考虑借贷，而另外一半则会自己克服。从借贷的渠道看，有 40 户认为会找私人包括亲戚、朋友、邻里借无利息的贷款，占调查农户的 43.5%；借有息贷款的人相对很少，主要是从私人、信用社、农业合作基金会、其他银行借贷。农民表示找政府的机构借钱手续烦琐，而且不一定借得到，能不能按期还款也是个问题。相对而言找私人借就比较方便，而且花费也不会太多，大部分都是无利息的，都是凭关系好才能借到钱。

当调查借钱用来干什么的时候，只有 9 户做了回答，红白喜事、孩子上学、盖房子、扩大生产的规模是主要的方面。这说明农民是不会轻易借贷的，除非遇到迫不得已的情况才会借，有时宁愿推迟办事也不愿意去借贷。

（8）社会性别。从生产、生活以及社会活动方面来看，女性在家庭内部事务中发挥了重要作用。在日常家务、赶集、开家长会、参加婚礼等家庭日

---

① 包括衣着、床上用品等消费支出。
② 包括住房修建、住房装潢、租房等方面消费支出。

常生活方面的参与度比较高；而在村里开会、购买生产资料、出售农副产品等家庭决策方面男性的参与度要相对高些；在农活、赶集等活动中则更多的是男女共同参与。

表20　生产、生活及社会活动性别参与度

单位：户，%

		家务	农活	村里开会	赶集	购买生产资料	出售农副产品	贷款	送孩子上学	开家长会	参加婚礼	参加培训活动
男	户数	3	25	44	8	57	46	9	8	10	15	28
男	占比	3.26	27.2	47.8	8.7	62.0	50	9.8	8.7	10.9	16.3	30.4
女	户数	71	13	23	34	20	17	5	16	26	31	16
女	占比	77.2	14.1	25.0	37.0	21.7	18.5	5.4	17.4	28.3	33.7	17.4
男女共同	户数	16	53	10	37	8	20	1	3	9	23	0
男女共同	占比	17.4	57.6	10.9	40.2	8.7	21.7	1.1	3.3	9.8	25.0	0
未作答	户数	2	1	15	13	7	9	77	65	47	23	48
未作答	占比	2.17	1.1	16.3	14.1	7.6	9.8	83.7	70.7	51.1	25.0	52.2

表21　家庭决策性别参与度

单位：户，%

		购买大件	盖房或装修	销售农产品	购买生产资料	购买生活用品	购买衣服	子女教育	赡养老人	种植	养殖	经营活动
男	户数	35	36	40	45	5	5	7	10	21	16	18
男	占比	38.0	39.1	43.5	48.9	5.4	5.4	7.6	10.9	22.8	17.4	19.6
女	户数	6	2	8	9	56	54	25	9	6	1	4
女	占比	6.5	2.2	8.7	9.8	60.9	58.7	27.2	9.8	6.5	1.1	4.3
男女共同	户数	44	45	33	29	20	20	42	42	49	31	35
男女共同	占比	47.8	48.9	35.9	31.5	21.7	21.7	45.7	45.6	53.5	33.7	38.0
未作答	户数	7	8	11	9	11	13	18	31	16	44	35
未作答	占比	7.6	8.7	11.9	9.8	12.0	14.1	19.5	33.7	17.4	47.8	38.0

在家庭理财方面，大部分的家庭都是由女主人（35.9%）或男女主人共同（37.0%）来管理钱财，花钱的决定大部分（67.4%）是由男女主人共同商量决定。家庭事务决策上，主要由男女主人共同商量决定，但男主人主要

负责生产方面的事务和决策，女主人则是生活方面居多。据调查，69.6%的家庭认为家庭中的生产和生活决定应该由男女主人共同决定。

从上面的分析可以看出，无论在生产还是生活方面男女相对比较平等。在家庭决策方面，男性主要是倾向于战略性的决策，女性主要倾向于现实性方面的决策。从总体发展趋势来分析，决策更多的趋向于男女主人共同商量决定、地位较平等。

（9）培训和信息需求。在培训方面，调查的 91 户农户中只有 69 户做了回答，其中 58 户都表示没有参加过培训活动，占有效户数的 84.1%。而参加过培训的农户中，男性 7 户、女性 4 户。

在培训需求方面，作出回答的 69 户农民中，67 户认为有培训需求，占有效问卷户数的 97.1%。其中 13 户认为应该组织养殖方面的培训，包括养殖技术（养牛、羊）和畜牧疾病防治技术；有 20 户认为应该组织种菜方面的培训，包括蔬菜种植、管理、病虫害防治方面，有 24 户认为应该组织果树种植方面的培训，包括果树栽培、管理、病虫害防治方面；其他一些农户认为在计算机技术、身体健康等方面也需要培训。

在信息需求和服务方面，当问及最近一年在种植业、养殖业方面是否使用新品种、新技术方面，有 72 户都表示没有使用过；而问及家庭遇到生产生活方面的问题愿意和谁商量时，绝大部分农户的选择都局限在家庭成员、亲朋好友、邻居这些圈子内，可以看出邻里和血缘关系仍然是当地解决社会问题的最主要解决途径。

针对具体需求而言，当问及当前家庭最需要哪些信息时，共有 85 户进行了回答。其中回答农业新品种信息的有 27 户，农产品销售价格信息有 31 户，农产品生产技术信息有 19 户，其他 6 户的需求信息包括农产品加工、销售组织等其他相关信息。

表 22　当前农户家庭最需要的信息

单位：户，%

	户数	占比	排序
农产品销售价格信息	31	36.5	1
生产新品种	27	31.8	2
生产新技术	19	22.4	3

（续）

	户数	占比	排序
农产品销售组织信息	4	4.7	4
农产品加工信息	2	2.4	5
其他	2	2.4	6
合计	85	100.0	

在涉及信息的解决渠道时，共有 74 户进行了回答，其中排在前两项的答案依次为亲戚朋友和自己。从调查中了解到，尽管乡镇农技站已经很少进行有效的技术培训和信息发布，但农户对其依然有很高的期望值。而当从正规的政府信息服务部门得不到帮助时，农户更多考虑的是自己的熟人圈（亲戚朋友）以及自己从大众传播媒介（报纸）得到知识（表 23）。

表 23　农户现有的信息服务渠道

单位：户，%

	户数	占比
亲戚朋友或邻里之间互相学习	32	34.8
自己	23	25.0
市县乡镇农技站	8	8.7
村镇农民服务组织	2	2.2
农业大专院校、科研机构	2	2.2
各类企业	1	1.1
其他	6	6.5
合计	74	80.4

4.2　延庆县基本状况

4.2.1　基本情况

延庆县地处东经 115°44′～116°34′、北纬 40°16′～40°47′，是内蒙古高原与华北平原的过渡地带，属延怀盆地的一部分，平原海拔在 500 米左右，低山丘陵地带一般海拔 800 米左右。

全县森林覆盖率达 60%，1999 年正式被国家环保局命名为"国家级生态示范区"，成为全国首批 33 个国家级生态示范区之一。

延庆县属大陆季风气候，处于温带与中温带，半干旱与半湿润之间的过渡地带，年平均气温 8.5℃，≥10℃的有效积温 3 394.1℃，无霜期 165 天。夏季冷凉，最热的 7 月平均气温为 23.3℃，年辐射总量为 5 618 兆焦耳/平方米，年日照时数 2 826 小时，均为北京地区的高值区。延庆县年平均降水量 493 毫米，主要集中在 6—8 月，约占全年降水量的 70%。

2005 年全县总户数 12.1 万户，其中农业户 71 572 户，占 58.9%。全县总人口为 27.7 万人，农村劳动力总数 100 473 人，其中一产 41 742 人、二产 5 038 人、三产 51 405 人，分别占农村劳动力总数的 15%、1.7%、18.5%。

2005 年农林牧渔总产值 14.24 亿元，其中种植业产值 4.95 亿元，占农林牧渔总产值 34.8%；林业产值 1.08 亿元，占 7.6%；养殖业产值 7.9 亿元，占 55.5%；渔业产值 0.31 亿元，占 2.18%。

从农民收入的构成看，2005 年人均收入来自一、二、三产的收入分别为 2 004 元、1 220 元和 3 941 元，分别占总收入的 28%、17% 和 55%。

4.2.1.1 种植业

延庆县作为京郊的农业大县，农业资源丰富、无污染、气候冷凉，是首都的农副产品供应基地。2005 年耕地面积 42.95 万亩，农村人均 2.4 亩，其中粮田面积约为 31.66 万亩、蔬菜 2.08 万亩。近几年，根据市场的需求，加大了农业内部结构调整步伐，大力发展以特种出口蔬菜和名特优新果品为主的特色农业，蔬菜种植面积进一步扩大，特种蔬菜发展迅猛，被北京市政府命名为"首都北菜园"。盛产名优果品，玫瑰红苹果曾荣获全国林业博览会金奖及马来西亚博览会银狮奖，红地球、里扎玛特、黑澳林三个优质品种葡萄获全国评比第一名。全县 10 多万亩粮田被国务院绿色食品办公室批准为"绿色食品基地"。

（1）蔬菜。近年来，延庆县蔬菜生产呈现良好的发展态势，蔬菜生产主要集中在延庆镇、康庄镇、永宁镇、旧县镇、沈家营镇、大榆树镇和香营乡等 7 个乡镇，菜地面积合计占全县菜地面积的 94.6%，蔬菜产量合计占全县蔬菜总产量的 94.1%。

（2）马铃薯。延庆县平均海拔较高，气候冷凉，昼夜温差大，非常适宜种植马铃薯。在 20 世纪 70 年代全县马铃薯种植面积曾达 7 万多亩，主要被作为粮食和蔬菜食用，是当时北京市区 8、9 月的主要蔬菜来源。但由于品种退化、病害严重，产量低，马铃薯逐步被其他高产、优价的粮食和蔬菜所替代，种植面积一度减少。近几年来，随着农业产业结构调整步伐的加快，马铃薯市场的不断扩大，农民对种植马铃薯有了新的认识，当地政府把发展优质脱毒种薯和商品薯生产，作为种植业结构调整的一项重要内容。马铃薯种植面积逐年增加，2005年，全县种植面积9 147多亩，平均亩产1 500千克，总产1 372万千克。全县年繁育脱毒马铃薯原原种0.275万千克，原种2.52万千克，一级生产用种薯8.31万千克，全部供应本地生产。

（3）干鲜果品。延庆县昼夜温差大，光照充足，生产的果品含糖量高，硬度大，易上色，耐贮运。其中，苹果、葡萄多次在国内外获奖，这是延庆发展果品生产非常重要的有利因素。2005年全县果树生产规模约23.9万亩，果品产量5 000万千克，总产值达1.48亿元。

延庆县是北京地区苹果和葡萄的最佳发展区域，仁用杏和板栗也有相当的发展优势。国光苹果是北京地区唯一能生产红色国光苹果的区域，生产的红富士苹果品质优良。鲜食加工兼用的串枝红杏，果个大、肉厚而金黄、皮厚耐贮藏、抗性强、丰产稳产，是北京地区鲜食加工兼用型杏的优良品种。

（4）中药材。延庆县植被类型多种多样，野生药材资源丰富。地道野生药材品种主要有柴胡、黄芩、知母、苍术、苦参、远志、北豆根、酸枣仁、串地龙等。据1983—1985年药源普查，延庆县野生药用植物品种多达134个，总蕴藏量3 247吨。近十年来延庆县不断进行中药材的人工种植，2002年引种药材品种28个进行试验和示范种植，初步筛选出了道地性强的黄芩、甘草、板蓝根、丹参等优质药材品种。2003年全县药材种植面积达到3 052亩。2004年种植面积超过5 000亩，主栽品种为串地龙、黄芩、板蓝根、甘草、知母等。延庆县得天独厚的自然条件，使药材的人工种植具有广阔的开发潜力。

4.2.1.2 养殖业

延庆县畜种结构包括奶牛、生猪、家禽、肉牛、肉羊等。2005年出栏肉猪15.8万头、肉牛3.5万头、肉羊9.7万只，存栏奶牛3.5万头、鲜奶产量8.4万吨，鲜蛋2万吨。畜牧业产值7.9亿元，占农林牧渔业总产值（14.3亿元）的55.2%。

延庆县鲜奶有固定的销售渠道，主要是满足北京"三元"、上海"光明"、内蒙古"伊利"和"蒙牛"四个奶业公司的原料奶的供应，为延庆县鲜奶销售提供了稳定的渠道和市场保障。

延庆县的畜牧养殖逐步实现了由分散饲养向规模养殖的过渡。2005年共有养殖小区 158 个，入区 490 户，占养殖户数（2 000 户）的 24.5%。其中有奶牛养殖小区 66 个，奶牛入区 330 户，共有机械化挤奶设备 65 套，专用鲜奶运输车 47 辆，鲜奶收购站 1 处（点 8 个）。

4.2.1.3　乡村旅游

延庆县的旅游资源极其丰富，是京郊第一旅游大县，八达岭长城、龙庆峡、玉渡山风景区、松山、古崖居、康西草原、妫河漂流、妫海远航、硅化木地质公园、仓米古道等一大批旅游景区，每年都吸引着数以百万计的国内外游客前来观光度假。

从 20 世纪 90 年代开始，延庆县农户以旅游景区为依托，由"住农家院，吃农家饭"起步，自发性地开展乡村旅游。2002 年县政府在旅游局成立乡村旅游管理服务中心，负责全县乡村旅游的规划、开发、指导、管理和服务协调工作，乡村旅游产业进入政府主导阶段，政府每年拿出 200 万元专项资金，扶持乡村旅游事业的发展，调动了乡镇、村和农户开办乡村旅游的积极性，两年内全县各方面用于乡村旅游软硬件建设的投入已超过 3 000 万元。2005 年全县乡村旅游接待游人 112.15 万人次，收入 3 533.68 万元。2003 年，十几户的秀水湾新民俗村收入达 43 万元，把一个小山村的农民乐开了花；2004 年，井庄镇柳沟民俗村，一年由 17 户发展到 43 户，主打"火盆锅"特色，当年收入达 140 万元，户均 3.5 万户；2004 年，八达岭镇里炮村民俗接待 3 万人次，餐饮住宿收入达 123 万元，采摘收入达 40 多万元。

近年来，延庆乡村旅游逐步形成了一村一品、主题突出、特色鲜明的品牌。如延庆镇东小刘屯村的"乡下有我一分田"休闲耕作基地，里炮村、前庙村、苏庄果树科技示范园等多品种水果观光采摘园，以果园放养柴鸡为特色的兰英生态园等乡村旅游村、户已经走上农业生产经营和观光旅游产业有机结合、相互促进的良性循环的道路。乡村旅游成为农民致富特别是山区农民致富的重要途径。

4.2.2　调研样本村基本特征

通过对二手资料进行汇总分析，了解了调研样本村的基本特征。

（1）人口。10 个调研村的总户数 3 913 户，总人口 10 610 人，男、女性比例基本相当。其中农业人口 9 806 人，占人口总数的 92.5%。

表 24　延庆县调研样本人口情况统计表

乡镇	村名	户数（户）	人口（人）			户籍		
			总数	男	女	农业	非农	外来
旧县镇	大柏老	700	2 120	1 070	1 050	1 961	159	400
旧县镇	小白河堡	82	236	120	116	231	5	1
康庄镇	小丰营村	738	1 900	940	960	1755	145	75
八达岭镇	里炮村	141	335	157	178	288	47	11
永宁镇	前平房村	112	315	155	160	289	26	0
千家店镇	花盆村	312	850	430	420	818	32	6
千家店镇	排字岭村	550	1 600	810	790	1 496	104	10
井庄镇	柳沟村	408	1 012	567	445	970	42	36
张山营镇	小河屯村	650	1 567	796	771	1 397	170	17
沈家营镇	沈家营村	220	675	345	330	601	74	32
合计		3 913	10 610	5 390	5 220	9 808	802	582

（2）文化程度。调研样本村人口的文化水平，高中占 12.7％，初中占 39.3％，小学占 28.6％，文盲占 19.4％，即小学以下文化水平占到 48％，占总人数的近一半，男女人员的文化水平基本相当（表 25、图 4）。从教育水平上看，延庆样本村的平均教育水平（图 4）比大兴样本村的教育水平（图 2）要低很多，这不仅给当地农民接受技术培训增加了困难，也使得当地农民在获取信息渠道以及自我组织管理等方面都有一定的差距。

表 25　延庆县调研样本文化程度统计表

单位：人

乡镇	村名	高中		初中		小学		文盲	
		男	女	男	女	男	女	男	女
旧县镇	大柏老	50	27	200	200	300	290	520	533
旧县镇	小白河堡	10	2	38	25	63	54	15	19
康庄镇	小丰营村	145	155	350	450	280	320	130	120
八达岭镇	里炮村	36	20	48	52	14	16	5	7

(续)

乡镇	村名	高中		初中		小学		文盲	
		男	女	男	女	男	女	男	女
永宁镇	前平房村	11	10	52	43	75	87	17	20
千家店镇	花盆村	100	84	80	100	20	8	6	2
千家店镇	排字岭村	160	140	150	160	40	29	10	9
井庄镇	柳沟村	51	46	237	208	233	124	46	67
张山营镇	小河屯村	20	16	460	440	220	218	116	113
沈家营镇	沈家营村	12	10	100	90	50	70	26	14
合计		595	508	1 677	1 743	1 232	1 162	876	904

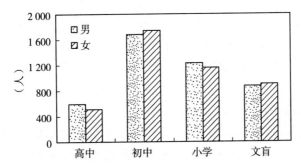

图 4　调查样本村人口的总体教育水平

　　（3）劳动力状况。10 个调研样本村中共有在家劳动力 5 481 人，男劳动力人数略高于女劳动力人数；外出打工 1 664 人，外出打工的男性比女性多一倍，外出打工人员的平均年龄在 35 岁左右（表 26）。

表 26　延庆县调研样本劳动情况统计表

乡镇	村名	在家劳动力			外出打工				从事产业	
		小计（人）	男（人）	女（人）	男（人）	年龄（岁）	女（人）	年龄（岁）	一产（%）	二、三产（%）
旧县镇	大柏老	890	530	360	100	31	30	28	47.9	60.0
旧县镇	小白河堡	100	55	45	40	35	2	34	80.0	20.0
康庄镇	小丰营村	940	460	480	220	35	200	30	43.0	57.0
八达岭镇	里炮村	178	86	92	38	28	20	22	60.0	40.0

（续）

乡镇	村名	在家劳动力			外出打工				从事产业	
		小计（人）	男（人）	女（人）	男（人）	年龄（岁）	女（人）	年龄（岁）	一产（%）	二、三产（%）
永宁镇	前平房村	110	58	52	18	44	7	33	62.0	38.0
千家店镇	花盆村	400	206	194	80	42	30	40	60.0	40.0
千家店镇	排字岭村	698	360	338	100	45	80	38	73.0	27.0
井庄镇	柳沟村	597	326	271	100	40	17	39	60.0	40.0
张山营镇	小河屯村	1 196	616	580	300	35	30	35	80.0	20.0
沈家营镇	沈家营村	372	188	184	150	40	102	36	60.0	40.0
		5 481	2 885	2 596	1146		518		62.6	38.2

（4）产业结构。10个调研样本村的产业结构各有特色，如大柏老村以养殖为主导产业，养殖业收入的比例占到67.8%，种植业只占3.2%；小河屯村以粮食为主导产业，粮食生产的比例占到90%，养殖业和非农产业分别只占7%和3%；里炮村以林果业为主导产业，但非农产业收入占84%，种植业占15%，养殖业只占1%（表27）。

对比产业结构与人均收入可以看出，总体上说人均收入随着种植业比重的增加而下降，人均收入最高的大柏老村种植业仅占3.2%，而人均收入最低的小河屯村种植业的比重占到了90%。但是种植业中如果以蔬菜和林国等经济作物为主导，那么即使种植业比重增加，其人均收入也有增加的可能。

表27　延庆县调研样本产业结构统计表

乡镇	村名	产业结构（%）			人均收入（元/人）	主导产业
		种植	养殖	非农		
旧县镇	大柏老村	3.2	67.8	29	20 352	养殖业
康庄镇	小丰营村	23.0	16.0	61	9 906	蔬菜
八达岭镇	里炮村	15.0	1.0	84	9 800	林果
沈家营镇	沈家营村	9.4	30.4	60.2	7 702	养殖
井庄镇	柳沟村	20.5	10.0	69	6 203	乡村旅游
千家店镇	排字岭村	28.0	40.0	32	5 043	种植业

（续）

乡镇	村名	产业结构（%）			人均收入（元/人）	主导产业
		种植	养殖	非农		
永宁镇	前平房村	31.0	10.0	59	4 505	蔬菜
千家店镇	花盆村	24.0	60.0	16	4 085	养殖
旧县镇	小白河堡村	14.7	25.3	60	3 713	养殖
张山营镇	小河屯村	90.0	7.0	3	3 500	粮食

5 京郊农业生产发展主要问题分析

5.1 技术指导与科技培训

5.1.1 缺少技术指导，参加科技培训的机会少

在入户调查时，有的村民反映几年未接受过农业推广技术部门的技术培训。遇到技术问题，只有通过自己克服和邻里间交流这两种渠道解决。

农民还普遍反映村里没有技术人员，镇里的技术人员也很少到田间地头，部分农民很少与农技服务部门接触，生产上遇到问题得不到技术人员的及时指导。同时，农民参加培训班的机会很少，沈家营村参加访谈的农户反映近三年来没有参加过技术培训。

这些情况的存在与当前农技推广体系的现状密切相关。在近几年乡镇的并乡建镇、精简机构过程中，乡镇农技推广机构从大到小、从多到少。目前区县各乡镇没有单独设置的农业技术推广站，农技推广职能归口于农业服务中心，而农业服务中心承担着本乡镇涉及"三农"的各项任务，乡镇农技推广人员工作重心转移，平常多从事乡镇中心工作，农技推广的公益服务性质逐渐淡化，基本上不开展农技推广服务工作。如此一来，本该由"县—乡—村"三级农业技术推广体系完成的工作任务都集中在了县级农业技术推广机构，基层技术推广力量薄弱，导致了县、乡两级农技推广工作衔接不上。针对全县20多万农民、300多个行政村、30多万亩粮田、3万多亩常年菜田，只靠县级农技推广部门有限的技术人员一家一户去做工作是根本不可能的。许多农技工作依靠涉农企业以及行业协会等组织带动，根本解决不了大农业生产中存在的问题。

5.1.2　科技培训实用性不强

尽管有的村一年可组织七八次的技术培训，但农民反映效果不理想。主要原因一是请来的专家有些讲课理论性太强，而与实际结合的不够紧密，农民接受起来有一定的困难。二是因为每次培训的时间短，几个月生长期的栽培管理和养殖技术在短短 2～3 小时内讲完，不好消化，农民课后能够记住并且用得上的很少。

里炮村的一些农民反映：他们村里缺乏果树管理技术，技术人员很少下乡，即使下乡，技术人员所掌握的技术也不能满足老百姓的要求，脱离实际，不能及时解决生产中存在的问题。虽然村里的果树协会也经常请一些专家来进行指导，但是专家费很高，村民也不愿意经常请专家来。

5.2　生产基础设施

5.2.1　缺水，灌溉设施落后影响生产发展

延庆县小丰营村以蔬菜为主导产业，近 10 年间全村蔬菜生产面积发展到 3 300 亩，占耕地面积的 84.8%，主要产品有绿菜花、团生菜、日本萝卜、甘蓝等 30 余种，产品销往东南亚和韩国、日本等国家和地区。全村有机井 11 眼，其中运转良好的机井只有 4 眼，主要原因是机井使用年头长，地下水位下降严重，打不上来水。目前 500 亩蔬菜地共用 1 眼水井，灌溉用水非常紧张，往往在蔬菜生产的需水时期，需要连夜排队浇水，甚至浇不上，影响了蔬菜产业的发展。由于打井的资金投入高，每眼机井需 20 万元，村里缺少资金，故水的问题至今未能解决。前平房村自 1987 年开始发展蔬菜生产，当年菜田面积一下子发展了 100 余亩。由于种植蔬菜效益明显高于种植玉米（蔬菜每亩地收入在 2 000 元以上，而玉米每亩地收入仅 200 元左右），因此许多村民都希望将粮田改为菜田，但是缺少水利设施，无法满足蔬菜生产的需水要求，导致蔬菜产业发展缓慢，目前全村蔬菜生产面积仅发展到 150 余亩。

大兴区庞各庄镇东梨园村每天只统一供水 3 个小时，有时供水还不稳定。调研人员进村调查时，正值西瓜育苗的嫁接时期，瓜农正为水的问题而焦急发愁。还有庞各庄镇的赵村，3 000 余亩土地仅有 3 个变压器和 2 眼井。农民每次灌溉需用"三崩子"拉着自备的水泵、电线、水龙带，长距离引水，远的拉六七百米，近的也要拉三四百米，成本高，劳动强度大，一个人根本无法完成。而且由于灌溉用水供应不上，一年只能种一茬。

5.2.2 水利基础设施不完善，制约产业发展

柳沟村是以豆腐宴、火盆锅等饮食文化为主要特色的乡村旅游村，每年接待游客约 20 万人次。但由于地下水位下降，机井供水不足，每天只集中供水 3 小时，用水非常紧张，常常在旅游高峰的时候供不上水，尤其是游客洗澡非常不方便，制约了乡村旅游产业的快速发展。

5.2.3 其他生产设施有待进一步改善

还有一部分村田间路狭窄且路面不平，机动车进出极不方便。这些基础设施建设的滞后已经成为农业产业发展的重要限制因子。但是限于经济基础薄弱，农户和村集体无资金积累，无力通过自身改善基础设施和扩大生产规模。

5.3 机械化水平

当前，农业机械研究部门推广的农机产品很多，包括植保、施肥、耕作、卷苫以及采收等各方面的机械，但在生产上的普及率很低。分析其原因，一是农机价格高，农民用不起。一般 1 台国产微型耕作机的价格约 3 000 元、1 套温室用的自动卷草苫机械约 4 000 元，大多数农民没有经济实力购买。二是容易出现故障，维修困难。

5.3.1 缺乏适用机械，生产效率低

实行规模种植、养殖的农户，劳动强度大，常常由于生产适用机械设备不配套，先进的专业分工未能实现。

榆垡镇西黄垡村是设施瓜菜种植专业村，村民反映，卷帘机经常坏，人工卷草帘费时费力，时间长了容易烧苗。为了卷草帘，每天早晨 5 点就得下地，忙时每天得干 12 个小时。

其他从事养殖的村民反映秸秆粉碎的强度大，而且人工粉碎的不均匀，拌出的饲料饲养的效果差，希望添置饲料粉碎机、颗粒机等机械，减小劳动强度，提高饲养水平。

5.3.2 机械化程度低，生产效率不高

里炮村的农民反映由于落后的植保机械，果树上的虫子得不到及时治理，从而影响了果品的质量和产量，同时还造成果品中农药残留高，生态环境和农民身体也遭到伤害。另外，没有除草机械，树下除草劳动量大，有些农民不愿除草，有些果园的草长到半人高，出现草与树争肥的现象，影响了果品的产量。由于缺乏果园树下施肥机械，村民只好把肥料撒在果园土壤表

面，再用铁锹翻一下，这种不合理的施肥方法导致了肥料损失大，利用率低，果树生长得不到充足的水分和养分，果品的产量和品质受到影响，亩产只有 1 000 千克左右。也有的农民反映，蔬菜生产人工劳动强度大，缺少适宜蔬菜生产使用的小型农机具。

5.4 农业生产投入

在调研的农业产业村中，农民对当前农业生产资料价格上涨的反映非常强烈。表 28 是小丰营村一位农民提供的近 10 年来部分农资价格情况，其中从 1995—2005 年的 10 年间，部分农资价格涨幅为 133％～250％，即便是最近的 5 年里，主要农资价格上涨的幅度也在 56％～105％。里炮村的农民也反映现在的农资市场很不规范，农资价格一个劲地往上涨，农资质量很没有保证。由于生产资料价格上涨过快，必然会引起农业生产成本增加，抵消了国家对农民的各种补贴、减免税政策和其他政策的效力，影响了农民增产增收。特别是富裕村的农户一般都具有明确的主导产业，人均生产面积、生产规模相对较大，农业生产资料投入较多，对农业生产资料的需求量比较大，农业生产资料的支出比重占农业总支出的比重最大，因此农民对农资价格问题敏感，反应强烈。

表 28　延庆县小丰营村某农民提供的不同年度生产资料价格情况

农资名称	价格				1995—2005 年的涨幅（％）
	1995 年	2000 年	2003 年	2005 年	
尿素（元/50 千克）	30	60	80	105	250
二铵（元/50 千克）	60	90	102	140	133
柴油（元/升）	1.32	2.1	3.75	4.29	225

5.5 农产品销售

5.5.1 农产品销售渠道单一

因生产分散，形不成规模吸引不了龙头企业的订单以及商贩上门收购，基本上处于自产自销的生产格局。唯一的销售途径是农民将自产农产品运输到农贸市场进行销售，耗费了人力，增加了运输成本。紫各庄村的蔬菜40％地头低价卖给菜贩子，60％运往 5 公里外的沙窝市场销售。为了多卖点、卖个好价钱，有些农民凌晨两三点就把菜运到菜市场，等待菜贩子的到来。在沙窝市场销售的蔬菜平均每千克较新发地批发市场低 0.3～0.5 元，地头销售价格就更低了。有人想把菜运到新发地卖，可是自家的农用车无法进城，运输又成了阻碍销售的难题。安定镇佟营村的畜产品销售比较困难的是鲜奶和肉鸭，附近没有奶站只靠小贩收购，镇里养鸭协会因禽流感影响关闭后肉鸭销售难。

5.5.2 销售价格偏低

近几年农产品销售价格不高。以蔬菜中的番茄、冬瓜为例，同样是"五一"期间上市的番茄，1995 年的价格是 2.4 元/千克，2000 年价格就降到了 1.6 元/千克，到 2005 年价格仅有 1.2 元/千克，10 年内番茄销售价格下降了 50%。冬瓜也有类似的趋势，1995 年"五一"前后冬瓜价格 3 元/千克，2000 年价格 1.8 元/千克，2005 年价格 1 元/千克（图 5）。

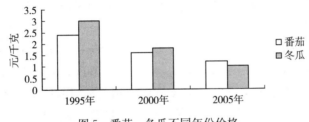

图 5　番茄、冬瓜不同年份价格

5.5.3 产品销售困难，销售价格没保障

调研中农民普遍反映农产品销售难。他们说远在 20 世纪 80 年代，农产品只要种出来，没有卖不了的，在地头就能卖个好价钱，可是现在东西还是那东西，质量甚至更好了，但就是卖不出去。有很多时候只能看着慢慢烂掉，最后扔了。

各调研小组针对农民提出销售难的问题，采用 PRA 中的问题树分析工具，与农民一起认真分析、讨论，最终归纳为几个方面的原因：

原因之一：销售渠道单一。目前本市农产品销售形成了小贩地头收购、集贸市场、批发市场、路边地摊、超市、专卖店、直销店、产销协会、市民采摘以及网络销售等多种销售渠道。但是对于单个农户而言，自产的农产品主要还是以小贩地头收购为主，其次为集贸市场和路边地摊，只有少数农户能自己通过批发市场及其他途径销售。单一的销售渠道，必然会导致交易双方的不对等，买方压价现象时有发生。

前平房村是一个蔬菜专业村，80%的产品通过地头收购方式进行销售，种植计划受垄断的菜贩子的影响很大，菜贩子高价卖种，低价收菜，控制着蔬菜的品种和市场。由于销售渠道单一，当地菜农没有选择的余地，很难改变这种不公平的交易方式，经济收益遭受很大损失。当地的农民说："收菜的人就那几个，如果他们不收，就卖不出去了。这些人收菜的时候随意定价，市场上卖40元/千克，他就敢给6元/千克，你没办法，没有别人买，也只好卖给他。2003年芹菜没人收，全部扔掉了，倒沟里了，辛苦半天一分没得着，13户家家有。当时卖种子的人说芹菜按0.6元/千克收购，种子卖40元一袋，口头协议，结果种子卖完他就不收菜了。"

原因之二：市场信息不灵。产品销售难与农民对市场信息的了解程度有关。销售渠道和信息不畅通是农户普遍面临的问题，直接导致农户因信息不对等而蒙受不必要的经济损失。沈家营村的一位农民告诉我们，2005年玉米的市场批发价格为每千克1.4元，而上门收购价格每千克只有1.2元，低于正常的收购价格。

我们在调研中通过打分排序的方法让农民分析自己获得各类农业信息的方式，结果排在第一位的是邻里间的相互交流，其次是与商贩交流，极少数是从广播或电视中获得，几乎没有得到政府相关部门的信息服务。农民说："生产信息主要是通过与邻居、商贩进行交流获得，生产品种选择主要依据其他农民的口碑，跟风应用。"调查中发现许多村都没有接入有线电视网，电视能够收看的频道很少，例如延庆县前平房村电视只能收看中央一台和延庆台，从电视中获得的生产、市场信息非常少，即使有也是比较滞后的。

原因之三：产业化程度低，小生产与大市场矛盾突出。由于整个农业的市场环境、发育程度和流通秩序等方面不够完善，以及农民经营规模普遍偏小，家家生产、户户销售的方式已经不适应当前大市场大流通的需要，小生产与大市场的矛盾越来越突出。由于经营规模小，农民没有更多的精力、时间、人力和财力去关注市场信息，加上缺少与其经济利益密切联系的产销合作组织和经销企业，农民很难及时得到各地的产销信息，在市场交易中始终处于被动和从属的不对等地位，在产品的销售上没能掌握主动权，产品价格受到商贩的控制，大部分利润被流通环节盘剥。

5.6　产业结构与种植结构

产业发展方向不清晰，缺少相对稳定的有特色和规模的作物和产品，农户只看上年别的农户种什么赚了钱就种什么，别的农户养了什么就跟着养什么，因此往往等到产品上市的时候也是价格下跌或者利润比较低的时候。

5.6.1 产业结构单一，种植养殖形不成规模，增收渠道狭窄

花盆村、小白河堡村和小河屯村等一般村从事种植、养殖等一产的从业人员所占的比例都在60%以上，一产收入所占总收入的份额比较高，如小河屯村和花盆村的一产收入的比例分别高达97%和84%，缺少二、三产业的增收渠道。

产业结构单一，不仅制约山区农民增加收入，而且也容易造成劳动力闲置。小白河堡村由于缺水，农业生产主要是种植玉米。通过对小白河堡村农民的季节历分析（图6），可以看出从业人员主要在每年的4月初、5月底、6月底、10初和11月底分别进行播种、耕地、施肥、收割和脱粒等农事，其他季节基本没什么活干。

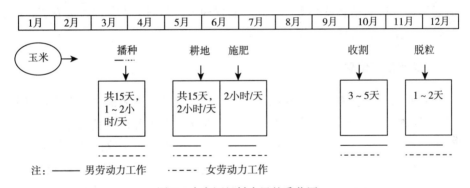

图6 小白河堡村农民的季节历

5.6.2 生产茬口集中，造成季节性过剩

由于受生产习惯和管理经验的制约，农民在生产上的品种选择、时间安排等方面年年如此，一个区域内的农民往往都种同一种作物，都在同一个时间播种，都在同一个时间收获，这本来应该成为规模生产的重要基础，但由于缺乏组织管理起来共同开发市场的能力，又没有相关产品的加工来延长产业链，因此容易出现季节性供大于求，造成产品恶性降价出售甚至最终腐烂抛弃的痛心局面。

小丰营村虽然建有一个蔬菜批发市场，但市场面积仅有4万平方米，附近几个村庄生产的蔬菜都集中到这里销售，客户主要是广东来的菜商，收菜的商人不多。每年一到蔬菜收获旺季，市场里外被挤得水泄不通，产品交易

困难，部分蔬菜往往销售不出去而烂在田间地头。同时，蔬菜集中上市造成供大于求，难免受到商家的压价。

5.7　农业生产组织化程度

村里部分村干部与群众之间对村级产业发展方向看法不一致，发展思路有分歧。如大兴区安定镇佟营村，村干部认为通过招商引资发展林果开展观光采摘是方向，群众认为以种植为依托发展畜牧业更切合实际。这种思路上的差异直接影响了产业发展规模化的速度，也是限制村级整体快速发展的一个重要因素。

农民单打独斗闯市场、发展生产，自身经历了从生资购置、种养再到销售的整个过程，缺少外界组织提供的产、供、销一体化及专业化的服务。紫各庄村蔬菜产业完全是一家一户的传统生产、经营模式，各家各户根据自己的意愿和掌握的信息安排生产，独立购置种子、肥料、农药等各类农资，产品销售也是自寻市场。

5.8　农业生产信息

农业生产信息来源少。农民认为生产技术的信息来源很少，为此我们和里炮村的村民一起做了一个农业信息渠道现状与需求分析，发现他们从外界获得信息主要是通过三种方式：一是通过收看电视节目获取信息，包括中央七台的金土地、致富经等栏目，他们认为这些栏目播出的时间晚，数量少，不能满足他们的生产需求，地方台虽然播出的农业技术类栏目多，但是介绍的技术不实用，村民得不到有用的信息；二是通过村里的党员远程教育系统接受培训，但是类似这种培训很少，并且村民根本不会使用电脑，也没有这方面的技术人才来帮助他们，教他们如何用电脑、如何上网；三是到农机技术推广机构进行咨询，但是路程太远，交通不方便，许多农民不愿意去。

5.9　生态和水源地保护等政策对生产发展的影响

由于国家宏观政策的影响，许多村庄因为照顾整体利益而牺牲了局部利益，这在延庆县生态涵养区和水源保护地尤为明显。

5.9.1　水源保护和库区移民政策对个别村庄的影响

许多经济发展不好的村一般都存在生产用地少、土壤质地差、灌溉用水不能保证等问题。小白河堡村就是一个比较典型的例子。

　　小白河堡村是 1982 年从白河库区搬迁来的库区移民村，移民第一年有从白河水库引到村里的水，村民可以免费使用。1983 白河水库划归北京市统一管理，主要用于保障北京城市用水，该村开始停止使用白河水库的水。当时村里打了 2 口机井，一口是饮用水机井，并配套建了一个储水塔，可以保证村里的全天供水；另一口是灌溉水机井，可以保证农田灌溉。当时，由于有生产用水，地里除了可以种植小麦、玉米等大田作物外，还可以种植蔬菜。但是从 1996 年开始，储水塔和灌溉水机井先后损坏，由于缺少维修资金，全村饮用水井每天只供应 1 个小时（即早上 8：00—8：30，下午 5：30—6：00），没有了人工灌溉用水，而且当地气候逐年干旱，降水量逐年减少，村里附近的小河很少有水可供灌溉。该村现有农用土地 482 亩，其中果园 100 亩，主要种植杏树；耕地 382 亩，人均可生产耕地只有 1.2 亩。由于水资源严重短缺，种植业主要靠天吃饭，果园里的杏树长不好，收成不多；大部分耕地由于缺水只能种植玉米，种植其他的作物都长不好，而且玉米的产量很低，亩产量只有 240 千克左右，亩纯收入约 150 元。该村有 5 户奶牛养殖户，3 户养殖规模在 6～11 头，另两户各养 1 头，养殖户收入相对其他农户收入高一些。但由于缺水，养殖业发展受到限制，全村奶牛养殖规模很小，一共只有 31 头奶牛。表 29 是该村参加座谈的村民提供的库区移民前后情况，该村移民前后在农业资源、生产水平、经济收入以及生活水平都发生了很大的变化。移民后人均耕地减少、耕地质量变差、水资源短缺、作物产量降低，生活水平下降。

表 29　小白河堡村移民前后农业生产情况对比

调查内容	白河村（搬迁前）	小白河堡村（现在）
人均耕地（亩）	4	1.2
土壤类型、质地	水浇地、肥沃	沙石地、旱地
水资源	丰富	紧缺
种植作物	水稻、小麦、玉米、蔬菜	玉米
玉米产量（千克/亩）	500	240
人均年收入（与其他村比较）	高	低
生活水平（与周边村庄比较）	富裕	发展相对缓慢

5.9.2　生态涵养区山村产业发展受到限制

　　一些山村受国家生态涵养、退耕还林等政策的影响，原有土地资源、水源等生产资源被限种、限养和限用,可耕地面积和灌溉水减少,制约了农业产业的发展。

花盆村作为北京市生态涵养发展区和密云水库水源涵养区,为了保护生态环境,防止污染水源和破坏植被,自2001年国家实行退耕还林,在政策的鼓励和扶持下,花盆村的2 000亩果林有70%退耕还林种植了仁用杏树。山区禁止放牧,限制了牛、羊等养殖业的发展,使得花盆村以放牧为主的传统养殖业规模迅速缩小,养殖收入急剧下降。同时受退耕还林政策的影响,耕地面积减少,目前全村只有600亩耕地,人均耕地不到1亩,水源涵养地限制用水量使水稻生产退出了农业生产,地里只允许种植玉米等1年收获的作物,或套种一些豆子等杂粮。但由于土壤质地和灌溉条件差,产量和收入很低,农民的主要收入来源是种植玉米和国家退耕还林的政策性补贴。虽然有退耕还林的政策补偿,但目前人均总收入与退耕还林前相比还是下降的(表30)。按照当时的政策设计,从2005年和2006年开始,杏树应该进入盛果期,由此可以开发以杏及其相关产品为主的特色产业带动当地农民致富。但是由于基础水利设施薄弱,灌溉成本高,杏树种植后基本依靠自然降水,加之土壤贫瘠,土地生产力低,农民不愿意投入,杏树生长缓慢,定植4年后的产量根本达不到预期效果。尽管当地有种植仁用杏的传统,但由于没有深加工企业,产品销售主要是杏肉和杏仁等初级产品,没有稳定的销售渠道,市场价格低。而且一旦杏林进入盛果期后,大量杏子和杏仁集中上市,产品销售将是一个大问题。因此,如何通过有效的组织和引导,帮助农民提高产品质量和产业升级,解决产品的销路和销售价格,增加农民收入,是这种类型山村产业发展面临的重要问题。

表30　花盆村退耕还林前后农业生产收入变化

收入来源	2001年之前(退耕还林之前)		2005年	
	数量	收入(元/人·年)	数量	收入(元/人·年)
玉米(亩/人)	2	1 600×0.55=880	0.7	500×0.55=275
水稻(亩/人)	0.5	600×0.80=480	—	—
牛(头/村)	100		—	—
羊(头/人)	2	400	—	—
驴(头/村)	100		—	—
骡子(头/村)	300		—	—

（续）

收入来源	2001 年之前（退耕还林之前）		2005 年	
	数量	收入（元/人·年）	数量	收入（元/人·年）
政府补偿（元/人·年）	—	—	—	240
打工（元/人·年）	—	??	—	??
收入合计（元/人·年）	—	1 760	—	515

注:?? 指调研时村民回答不出具体数字，但表示退耕还林前后没有差异，因此两者可以抵消。

5.10 农民科技意识

调研中发现经济发展水平比较低的一般村，农民对新品种、新技术的应用愿望并不高。在延庆县旧县镇小白河堡村，当调研人员问及玉米生产有没有人来开展技术指导时，许多村民的回答都很相似：村里家家户户都种玉米，种了好多年了，人人都会种，用不着谁来指导。但深入讨论过程中技术人员发现他们的生产技术水平并不高，只是由于他们习惯于靠天吃饭，缺少科技意识，还没有考虑到技术应用层面上的问题，他们很少考虑通过应用抗旱品种、地膜覆盖栽培、加强中耕松土等措施来缓解农业生产缺水问题。在玉米生产上管理粗放，从播种到收获期间很少进行田间管理，每年干农活时间加起来不到 20 天。另外农业生产资料（如化肥、农药等）的投入也很少，因此玉米生产的产量低、效益差。

同样，一般村在养殖业方面的生产水平也很低，如小白河堡村每头奶牛每天的产奶量一般只有 15 千克左右，每年产奶量只有 3 000～3 500 千克，只达到北京市奶牛产奶量的一半。

6 不同产业类型的农民需求分析

将调研过程中农民提出的问题和需求按照村庄频率进行汇总排序发现，有 7 个方面的问题受访农户的关注度超过了 50%，依次分别是生产技术、组织化程度、科技培训、品种、市场、基础设施和信息（图 7）。

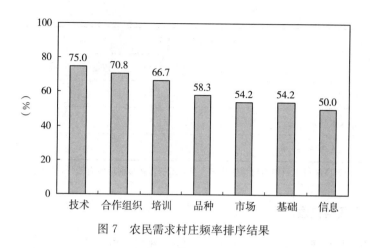

图7　农民需求村庄频率排序结果

（1）生产技术。超过75％的农户在访谈中提到生产技术是影响当前农业生产潜力进一步发挥的主要原因。有些农民反映目前的许多生产技术落后，遇到生产技术问题，只有自己克服或与邻居或与商贩交流解决，很少有技术人员来村里及时指导。农民反映：一是土壤菌核病、土传病害严重，不知道如何防治；不知道土壤缺啥，施肥盲目。二是不会识别病虫害症状，打药蒙着打，农药选配、高效药械、科学综合防治技术缺乏。三是设施机械缺乏，卷帘机经常出故障，无法得到及时维修，使作物因草帘覆盖时间长而打蔫死亡。四是果树剪枝及高效管理技术和果园打药、施肥、除草等机械及实用技术缺乏。五是畜牧养殖户反映不懂饲料营养配方，经常一种饲料大小牛一块喂，普遍缺乏基本的防治疫病知识和消毒技术，免费发放的消毒药不会使用，有的甚至将两种不同类型的消毒药物混合错误使用，使药效降低。

（2）组织化程度。调研中超过70％的受访农户强烈要求提高组织化程度，成立农民自己的专业协会、农民合作组织。目前，多数农民仍然处于落后的生产方式，各家各户根据自己的意愿和掌握的信息安排生产，独自购买生产资料，生产的产品基本靠自己去周边农贸市场销售或地头商贩收购，一家一户的农民无法讨价还价。有些村成立了协会，但没有发挥作用，只是买些生产资料和种子，不帮助农民销售农产品。农民希望成立自己的组织，联合起来共同面对市场，提高种养殖生产收益。已成立协会的，希望协会发挥更大作用，带领会员共同致富，联合抵御自然和市场风险。

（3）科技培训。在调查的 24 个村中，绝大多数村的农民反映多年没有获得技术培训了。获得培训的 6 个村，多数农民反映培训内容听不懂、实用性不强。16 个村的受访农民强烈呼吁增加有针对性、与生产结合紧密、实操性强的技术培训。尽管有的村一年可组织七八次的技术培训，但农民反映效果不理想。一是因为有的专家讲课理论性强，与实际结合不紧密。二是因为培训时间短，几个月生长期的栽培管理技术在短短 2～3 小时内讲完，不好消化。

（4）品种。许多农民已经意识到生产品种严重退化、缺乏更新，会影响生产收入，但担心不懂技术种新品种减产，怕市场销售不好，增加风险。因此，将近 60％的农户希望有政府农业技术部门到村里示范优良作物和种畜禽品种，同时提供配套技术指导，帮助分析新品种市场行情，指导市场销售。

（5）市场。有些村因生产分散，形不成规模，吸引不了龙头企业的订单以及商贩上门收购，农户基本上处于自产自销的生产格局，很难抵御市场风险。农民对市场问题的反映，主要集中在三个方面：一是市场信息滞后，不知市场要什么；二是农产品销售渠道单一，已收获的鲜活产品不知卖谁；三是产业化程度低，生产规模小，既不知市场要多少，也不知道生产多少能满足市场需求。农民希望有针对性的解决这些问题，提高他们应对市场变化的能力。

（6）基础设施。农村基础设施建设的滞后已经成为村镇农业产业发展的重要限制因子。85％的调研村反映水、电、路、渠、设施、设备、网络等基础的改造和建设缺乏资金，对经济基础条件差、无资金积累的村镇很难靠自我发展解决，制约了当地农民增收致富。

（7）信息。调研中超过 50％的农民提到了与信息有关的问题和需求，集中在以下三个方面：①缺乏农产品市场信息。农民反映农产品销售渠道少，农民选择余地小，不能直接进入市场，中间环节过多，使农产品售价低，影响农民收入。②缺乏农业技术信息。目前信息来源渠道单一，只能通过收看电视、农户及商贩间交流等渠道了解生产技术、销售信息。③缺乏支农政策信息。调查中发现，虽然党和政府出台了一系列支农政策，但农民了解并不多，他们希望能及时获得此方面信息。

为了更具体地了解从事不同产业的农户在需求上的差异，对不同产业类型的农户的需求进行了分析。

6.1 种植业发展现状、问题与农民需求

这次调查中大兴区庞各庄镇东梨园村、礼贤镇紫各庄村、黎明村、榆垡镇西黄垡村、长子营镇北蒲州村，延庆县康庄镇小丰营村、永宁镇前平房村、千家店镇排字岭村、张山营小河屯村是以种植业为主的村。

6.1.1 发展现状

（1）农业生产现状。农民劳动强度很大，特别是菜农。从大兴区礼贤镇黎明村农户自己画的季节历可以看出（图 8），以甜瓜—番茄两茬生产方式为主的生产过程中，只有每年的 11 月中旬到来年的 2 月初两个半月左右的时间农民每天的劳作时间低于 8 个小时，其他季节每天的劳作时间都超过了 8 个小时，尤其在农忙时间的 3 月中旬至 6 月中旬、7 月至 11 月中旬，每天的劳动时间在 10 个小时，农民劳动强度相当大。

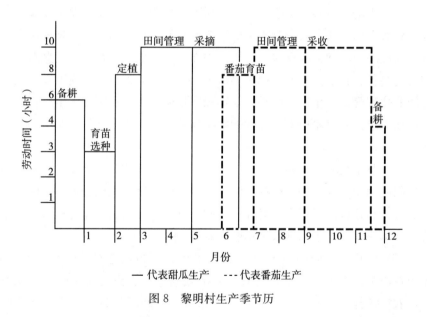

图 8　黎明村生产季节历

（2）农民培训现状。在所调查的 24 个村庄中，绝大多数村的农民反映已经有多年没有得到到县、乡农技推广机构组织的技术培训了。在得到培训机会的 6 个村庄里，多数农民反映培训内容听不懂或培训实用性不强，但有 16 个村的受访农民强烈呼吁增加有针对性，与生产结合紧密的技术培训。虽然有的村一年可组织七八次的技术培训，但农民反映效果不理想。一是因为有的专家讲课理论性强，与实际结合不紧密。二是因为培

训时间短，几个月生长期的栽培管理技术在短短 2～3 小时内讲完，不好消化。

以大兴区紫各庄村为例，虽然该村历史上曾经是有名的番茄生产专业村，但近年来各类技术培训为零，这也是产业衰落的直接原因之一。多年来区、镇科技推广部门没有组织过一次生产技术培训。村民在分析缺乏培训的原因时指出缺乏培训组织者和培训教师是主要原因。

近年有过的所谓技术培训就是一些肥料、农药或种子经销商组织的以销售自己的产品为直接目标的产品应用培训，这种以营利为目的的培训对提高生产者技术水平起到的作用极其有限。

（3）专业协会与合作经济组织发展。目前，在调查样本村中种植业生产方面有 1 家合作经济组织，但农民认为协会对普通会员的作用不明显，缺乏实质性的指导和服务主要为协会领导及亲属方便，或者演变为以营利为目的的类似公司的组织。调研中农户还反映，目前以政府为主导牵头组织的许多协会在管理体制上不利于协会的运营，运作一段时间后就名存实亡了。

6.1.2 主要问题

（1）培训理论性强，针对性弱。在接受过培训的农民中，大部分农民认为原有接受的培训理论性强，针对性弱。

（2）假农业生产资料坑农害农。大兴区庞各庄镇赵村农民反映生产中使用的农药主要是从个体经营户购买，为了降低生产成本，一般选择价格较低的农药，这些农药多数是假农药。使用假农药后，不能有效控制病虫害的发生，病虫害反而更重了，导致甘薯秧子疯长或甘薯长眼，产品外观差，品质下降，价格降低。调查中发现该村农资几乎全部来源于一些小型的农资商店，有些农民得知河北省地界的农资便宜，还会出京采购。由于采购渠道的复杂性，无法实现市场的规范管理，一些假药、假种子就会钻空子坑农害农。2005 年几户买了假二铵，施了肥，不管事，地没劲，苗不长。有 2 户农民反映，2005 年到镇上个体种子农资站买了春玉米沈丹 167，种子不纯，种了 6 亩，有一半不拔节，不结棒子，仅收了 1 500 千克，产量比上年减少一半。

（3）生产资料价格上涨严重。许多生产必需的农资价格不断上扬、飘忽不定极大地损害了农民的利益。大家反映说：肥料涨价太大，特别是季节性涨价。

在与长子营镇白庙村农民座谈中了解到，化肥和农膜等主要生产资料在5年内价格涨了近一倍，生产资料价格逐年上涨。尿素（50千克一袋）由2000年60元/袋上涨到2005年的104元/袋。化肥二铵2000年80元/袋，2005年上涨到140元/袋；农膜由2000年6元/千克，上涨到2005年的13元/千克；柴油2000年2.1元/升，2005年3.95元/升（图9）。

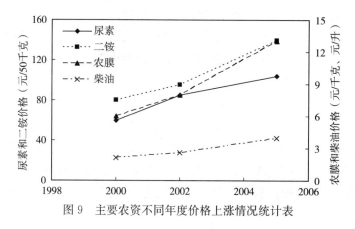

图9　主要农资不同年度价格上涨情况统计表

（4）改良品种困难。目前市场上的新品种很多，但是大家对新品种了解太少，包括新品种的适应性、产品品质、栽培管理技术要点等，只听种子经销人员的介绍让人摸不着头脑，没有把握，无法结合自己的生产正确选择应用。

当前综合生产管理技术水平比较低，无法保证新品种生产科学的田间管理，新品种优势难以发挥。尤其是许多新品种产品特异性强，即使生产出来也难保证销售渠道，即使销了也未必能够有好的经济效益。

（5）水资源匮乏，制约种植结构调整。水资源短缺是两个区县相当一部分农村存在的问题，不仅影响着农作物的产量和品质，而且极大制约了农业种植结构的调整。目前延庆县的玉米生产在种植业结构中占有很大的份额，种植面积超过20万亩，占总耕地面积的50%左右，以饲用玉米为主，是许多村庄的主导产业；大兴区庞各庄镇赵村的3 000多亩地也以种植玉米和甘薯为主。玉米和甘薯等大田作物的生产效益比蔬菜、果树、养殖等其他产业偏低，许多农民都希望通过调整种植结构发展蔬菜、果树以及中药材等经济效益较高作物。但是由于水资源短缺，许多地方只能种植玉米，像小白河堡村和小河屯村等村庄就是比较典型的例子。

（6）生产技术落后，生产水平偏低。植保方面：一是在无公害农产品生产中缺乏替代传统高毒农药的高效低毒农药及生物、物理防治病虫害技术，农作物病虫害得不到及时防治；二是植保器械落后，药液滴、漏、跑、冒及雾化不均匀，造成农产品农药残留高、生态环境污染和人身伤害。

施肥方面：主要是缺乏测土配方施肥技术，许多农民不知道农田里缺什么肥，应该施什么肥。有些种植中药材的村民发映不能根据植株需肥规律进行合理施肥，氮磷钾营养元素配比不合理，有机肥施用量少，养分供应不均衡，影响产品产量和质量。

栽培管理方面：普遍存在重种轻管的情况，凭经验生产，不重视先进实用技术的应用。延庆县的一些果品生产由于科学管理跟不上，导致果个大小、着色深浅等商品质量方面存在不足，精品果所占比例小，高质量的果品产量仅约占总产量的1/3，没有大批量优质商品果占领市场。里炮村的农民反映，随着果园改造和新品种引进，他们原有的剪枝技术已经不适应现在果品种植的要求，导致果品产量低、质量差。

（7）组织化程度低，影响产业发展。目前，种植业生产绝大部分仍然是一家一户的传统生产、经营管理模式，各家各户根据自己的意愿和掌握的信息安排生产，独立购置种子、肥料、农药等各类农资，产品销售也是自寻市场，生产、经营缺乏必要的引导，经常出现生产与市场脱轨的情况，影响产品销售。本次调研显示，许多农民希望能够将他们组织起来，帮助安排生产，统一销售。前平房村农民说："希望政府帮我们找个收菜的企业和老板，让我们能根据订单生产。1991—1993年我们村进行大白菜繁种订单生产，农民省心、省力，还有技术指导，亩收入1 000～2 000元，增收效果非常好。后来又种订单甜豆，收入也很好。再后来没人收了，就改种别的蔬菜了。我们就希望有订单生产，我们都有长期种菜的经验，什么都能种好，什么时间要也能做到。"

近年来，延庆县各类农民专业合作经济组织不断涌现，从组织方式、组织结构、服务功能等方面都有新的发展，但是还存在着合作水平低、带动能力弱、内部管理运营不规范、服务手段落后等问题。统计结果显示全县共有163个农民专业合作经济组织，但是调查显示目前能够发挥重大带动作用的并不多。

（8）农产品优质优价没有得到充分体现。延庆县优越的自然环境和独特的气候条件为发展无公害农产品提供了有利的条件。但是无公害生产，无论是栽培、施肥、农药使用，还是采后的贮运、加工，都增加了相应的成本。虽然品质提高，但价格并没有相应提高很多，优质优价没有得到充分体现，比较起来效益增加不明显，影响了发展无公害种植的积极性。

6.1.3 农民需求

6.1.3.1 获得实用技术培训与指导

（1）在作物关键生产期得到田间地头的技术指导。大兴区庞各庄镇赵村农民反映由于连作，甘薯茎线虫病、黑斑病发生较重，发病轻的可减产10%左右，严重地块可造成绝收，缺少安全有效的防治方法。由于农民缺少病虫害防治知识，病虫害发生后，才打药防治，错过了最佳防治时期，造成病虫害难以控制；也有的急于控制病虫害，加大用药量和用药次数，结果导致发生药害，适得其反。因此，农民希望增加一些与生产实际结合紧密，可操作性强，易于掌握的使用技术培训。

（2）提高蔬菜、西甜瓜的反季节栽培技术。大兴区蔬菜、西甜瓜生产由于茬口安排集中，造成季节性过剩，增产不增收。为提高种植效益，农民希望增加反季节瓜菜面积，农民反映对西甜瓜、蔬菜的冬春季早熟栽培、夏秋季延后栽培和秋冬季栽培等反季节栽培管理技术没把握，担心种不好。

（3）技术培训的多方面需求。在技术培训方面，农民对种植栽培、抗病虫植保技术、土壤配方施肥技术、畜禽饲养技术、疫病防治技术等需求迫切。

（4）加强对女农民的培训。分组调研的结果表明，女农民组对于培训的需求更迫切，目前妇女已经成为农业生产第一线的主力军，女性农民更希望在农闲时间得到提高综合素质的培训。

6.1.3.2 需要多渠道得到信息服务

（1）农产品市场信息。农民反映农产品销售渠道少。绝大多数农民离市场太远，没有交通工具，销售农产品都只限于地头销售，只靠小商、小贩收购或者到市场去零售，导致农产品价格被小贩压得很低，农民选择余地小。不能直接进入市场（市场垄断）和中间环节过多等因素，使得农产品批发价格比农产品零售价格低很多。

（2）农业技术信息。农民希望了解更多的农业生产、种养品种、市场销售的信息，但目前信息来源渠道单一，只能通过收看电视、农户间交流等较少渠道了解生产、销售信息。

(3)支农政策信息。调查中发现,虽然党和政府采取了很多措施并出台了一系列支农政策,但农民对目前支农政策了解并不多。

6.1.3.3 希望买到安全价廉的农业生产资料

(1)打击假冒伪劣产品,稳定农资价格。在本次调研中,参加座谈的农民普遍提出国家应该加强农业生产资料供应市场的调控和管理力度,强烈要求整顿农资市场,打击假冒伪劣产品,稳定农资价格。农民反映假肥料、假种子、假农药政府要管一管,"3·15"打假太晚了,许多种菜的农民2月份就开始买肥、买种,如果"3·15"才去打假,就太晚了,那时农民都把假的都买回家了,退也没处找了。应该在1月底就打假,农民2月份才能买到真种子和真肥料了。

(2)有组织集体购买农资。大兴区紫各庄村一家一户的自主生产使得农资使用的分散性和不确定性问题严重,进而导致农资采购的渠道复杂、缺乏规范管理。生产中使用的地膜、肥料、农药、种子等农资全部靠个人单独购买,每个农民掌握的信息和观点不同,农资采购的渠道就不同。

6.1.3.4 改善基础设施

(1)将竹木大棚改换为钢架大棚,发展温室设施。这是郊区菜农的想法。大兴区榆垡镇辛安庄村原有108个竹木大棚,因为竹木大棚材料差,使用期短,插在地下的那端竹竿因为浇地,长时间泡在水里很快就坏了,另外,竹木大棚弧度小、立柱多,干活的人只能蹲着,并且因为立柱多,小型机械无法耕作,严重影响了生产和劳作。另外,竹木大棚不能多层覆膜,而钢架大棚可以做到,多层覆膜的钢架大棚可比竹木大棚生产的西红柿提早上市20多天。因此,种植户强烈需要将竹木大棚改换为钢架大棚,温室可以延长生产周期,增加种植收益,农户也希望发展温室设施。

(2)保证灌溉用水。灌溉用水的及时供应关系到农产品的产量、品质。一方面,农民希望更新机井等灌溉设备、变压器增容、田间路宽阔平整来提高灌溉的效率;另一方面,延庆县许多处于水源保护地和生态涵养区的农民希望政府在限制他们用水量的同时,通过提供节水灌溉设备和节水生产技术提高水资源的生产效率。

6.1.3.5 希望改良品种

菜农反映现有蔬菜生产品种缺乏更新已经阻碍了产业的发展,渴求引进应用优良新品种。由于对新品种的信息来源少,大兴区东梨园村的西瓜品种更新换代较慢，主栽的京欣 1 号品种已经种植了多年，而目前京欣系列的其他品种以及别的品系的优良品种也很多。此外，当前在西瓜生产中增收较快的礼品西瓜（包括小果型、黄瓤、黄皮西瓜）平均每亩增收 1 000 元左右，在本市特别是节日供不应求，但在西瓜生产总面积中所占的份额却很少，且面积增长缓慢。

目前许多农民都已经意识到生产品种严重退化、缺乏更新会很大程度上影响到生产收入，他们有应用优良新品种的愿望，同时对未种过的品种又有顾虑。因此，许多瓜农都希望有政府的农业技术部门示范、推广优良品种，同时提供配套的技术指导，帮助分析新品种的市场行情。

6.1.3.6　要求优化组织形式和生产组织方式

（1）成立和改善专业技术协会与合作经济组织并发挥作用。农民强烈要求成立协会、合作组织，希望提高组织化管理程度，共同开拓市场，提高种养殖收益。已成立协会的，希望协会发挥更大作用，带领会员共同致富。

大兴区紫各庄村在 20 世纪 80 年代中期到 90 年代初（也就是该村番茄产业辉煌时期）曾经有一个蔬菜协会，协会为大家提供生产品种选择、解决生产中的技术问题、组织相关技术培训以及联系市场等服务，当时协会运转非常好，在农民中的影响力也非常强，为推动该村番茄产业的发展发挥了重要作用。但是随着时间的推移，诸如政策、管理、利益分配等问题最终一步一步瓦解了这个组织。现在的农民回忆起当时的情景，脸上流露出的惋惜与向往足以说明当时协会发挥的作用。大家非常希望现在能有这样一个组织，为菜农提供品种、技术、市场以及培训服务，带领大家共同致富。

农民要求协助成立养猪协会或相应的经济、技术合作组织，协调解决产前产中产后的服务问题和农民互助问题。大兴区王家屯村民希望成立自己的合作社或相应的组织，从技术服务、饲料、销售等方面获得服务。

由于整个农业的市场环境、发育程度和流通秩序等方面不够完善，以及农民经营规模普遍偏小，家家生产户户销售的方式已经不适应当前大市场大流通的需要，农民经常遭遇卖菜（粮、果）难。目前延庆县虽然初步建立了各种形式的行业协会，但由于体制、资金、经营等诸多因素的影响，一部分协会没有充分发挥作用。

延庆县里炮村现有的果树协会，其形式是"支部＋协会"，即协会领导由村支部领导兼任,农民认为协会在果品销售和技术服务中没有起到很好的作用,而且认为协会的组织形式不好,没有自我发展机制。因此,村民希望政府能够制定相关政策和管理制度,指导协会转变为农民合作组织,完善果树协会的功能,建立更完善的管理体制,以加强协会在果品销售和技术服务中的作用。

(2)开展多样化生产组织方式。从大兴区农产品销售来看,除了批发市场、农贸市场、个体销售、地头销售等传统的销售途径外,还有超市、专卖店、订单、中介组织、产销协会、观光采摘等多种销售新形式,有些形式对于一家一户独立生产的农户是很难采用的。农民希望政府部门引导发展"基地+农户+企业""农户+经纪人+公司""协会+农户"等多种形式来组织当地生产,并争取能通过多种销售途径进入消费领域,以取得较好的效益。同时提出政府要想方设法帮助他们进行市场预测,研究消费,根据市民对农产品提出的优质、多样以及观光休闲等越来越高的需求,帮助他们及时调整品种结构和栽培方式,发展适销对路的产品。

(3)希望引进、培养带领村级发展的复合型人才。大兴区辛安庄村和梨花村村民反映在同等资源环境条件下不同的村生产发展差异较大,关键的区别因素在于人,尤其是村里带头人的素质,他们希望引进和留住本村大学生为他们出谋划策,带领村民共同致富。

6.1.3.7 提供生产、加工和销售服务水平

(1)提高农作物栽培技术水平。当前农民最迫切需要的是测土配方施肥技术,生物、物理除虫替代传统农药技术,农药配比技术,土传病害防治技术,高效果树剪枝管理技术,果树栽培管理技术,以及先进的植保机械、施肥机械、树下除草机械等技术。

(2)发展农产品加工企业,延长产业链条。延庆县花盆村种植的杏树主要是核用品种,每年扔掉大量的杏肉,造成很大的浪费。村民希望能够引进加工企业,将杏肉和杏核进行加工增值,不仅有利于增加农民的收入,提高农民退耕还林的积极性,同时也可以解决一部分闲置劳动力的就业问题,有利于一产劳动力向二、三产转移。

6.2 养殖业发展现状、问题与农民需求

对全市调研的24个村中,有5个养殖业专业村、5个种养结合村,主要包括养牛专业村大兴区安定镇佟营村(回民村),奶牛专业村大兴区庞各

庄镇薛营村（回民村）、延庆县旧县镇大柏老村，养鸡专业村大兴区榆垡镇南张华村，养猪专业村大兴区榆垡镇王家屯村、种养结合村大兴区礼贤镇黎明村、榆垡镇辛安庄村、延庆县旧县镇小白河堡村、千家店镇花盆村、沈家营镇沈家营村。

6.2.1 发展现状

"十五"期间，京郊畜牧业以结构调整、标准化生产、畜禽食品安全、疫病防控等为重点，取得显著成效。到"十五"计划末的 2004 年，全市年出栏生猪 460.5 万头、肉牛 29.4 万头、山绵羊 315.9 万只，家禽 1.74 亿只；年肉类总产量达到 70.8 万吨、鸡蛋总产量达到 15 万吨、牛奶总产量达到 70 万吨。畜牧产值达到 138.7 亿元，占农业总产值的 53%。有各类畜禽规模养殖场和养殖小区 2 242 个，本市肉、蛋、奶的自给率分别为 70%、60%、70%。

但是，畜牧业生产快速发展的同时，也存在许多不可忽视的问题。调查中发现，京郊农村畜牧生产农户散养仍然占有较大的比重。即使是最近几年推广的养殖小区的养殖方式，许多也是管理粗放，只相当于散养的集中区。

奶牛散养户分布在全村，是造成居住环境差的根本原因。人畜混居，粪便、污水横流，秸秆乱堆乱放，即影响了养殖户本身的居住环境又污染村内环境；村内部分住房日趋破旧，约有 1/3 的房屋严重老化，住房分布极不合理，七高八低，参差不齐；水网老化，自来水管线已经 30 多年，跑、冒、滴、漏常有发生；村内仅有一个垃圾堆放点，无法处理产生的全部垃圾；道路弯弯曲曲，路面未完全硬化。许多养殖小区内也存在畜禽粪便、污水不能及时清运和合理应用的问题，易造成环境污染和资源浪费。

大柏老村部分养殖户有简单的玉米脱粒机、秸秆粉碎机等设备，以手工操作为主，劳动力投入多、劳动强度大，饲料利用率低。缺乏收割机、青切机、揉碎机等饲料加工设备，与规模化饲养不相适应。

6.2.2 主要问题

（1）有电脑无培训。少数配有电脑的村庄需要利用电脑网络、媒体等资源，交流、获取有关养殖业信息，但是，往往只有电脑，而没有培训。

（2）缺少资金投入，制约产业发展。从目前的农业产业经营情况看，养殖户的收入普遍比种植户高，因此许多农民都希望通过发展养殖业来脱贫致富。但是，养殖业需要投入的资金比较大，特别是奶牛养殖和生猪生产要求采取小区养殖，许多农民因为没有资金建设和改造小区而未能从事养殖业。小白河堡村人均耕地少，种植业收入很低，村里 6 户奶牛养殖户的收入都普遍比其他农户高，因此许多村民都想通过奶牛养殖来提高家庭收入。但是开展奶牛养殖需要修建小区、牛舍、挤奶台以及购买其他设备，他们说养殖规模在 200 头左右的小区大约需要资金 100 万元，对于这个村来说是一笔巨大的资金，仅靠村里筹集是很困难的。

要进专业养殖小区需要建鸡、猪、牛舍，但养殖户普遍缺少资金，由于没有专门针对养殖业的贷款优惠政策，养殖户去信用社、银行等很难贷到款，缺少资金的农民只能继续在庭院内散养，限制了养殖业的规模化发展。

（3）散养方式的存在严重影响了村庄环境。作为一个养殖专业村，大兴区南张华村目前面临畜牧粪便对环境造成的污染问题：首先是散养造成的村内环境污染。由于进入养殖小区的养鸡专业户目前只有 25 户，其余均属居住庭院散养，加之村内养猪、养羊等都是实行散养，大量粪便不能及时清理，造成对居住环境的污染。

目前，延庆县许多养殖户仍然采取庭院养殖的散养方式，人畜混居，既污染环境，又容易导致人畜共患疫病的传播。如大柏老村内现有 110 个奶牛散养户分布在全村，养殖户有句顺口溜："人住正房、牛住圈，牛粪在院堆放、臭气熏天，天儿一热，到处是苍蝇，一到下雨天儿，污水横流，满地屎尿。"

（4）养殖小区设计管理不规范。养殖小区内目前没有专门的粪便堆积发酵场地，而粪便出售的季节性强，很难及时解决环境污染的难题。粪便处理不及时，加之难以消毒，对鸡的疫病防治也极为不利。

已建养殖小区管理粗放，只相当于散养的集中区。如大兴区王家屯养猪小区是 2004 年建成投产的简易养猪小区。小区是由村民自行设计、自主兴建的单列式猪舍，分段饲养不明显，没有网上产仔、育成设备；小区内人畜混居，居住、饲料间、猪舍并排设置；小区内无粪便等污道和饲料等清道的严格区分，买进、卖出同走一条路；小区内粪便得不到及时清理和合理利用，在猪舍前面长期堆放；小区内无污水处理设施和防疫消毒设施，不符合现代化饲养模式和防疫卫生标准；小区门口和养猪户之间没有消毒设施，卖饲料的、买猪的及其他外来人员自由出入，养猪户之间没有隔离、防疫意识，相互观摩、串访、帮忙；养殖小区畜禽粪便、污水不能及时清运和合理应用，易造成环境污染和资源浪费。

从调研的情况看，有相当一部分的养殖小区存在设计规划不科学和内部管理混乱的现象，不符合动物防疫要求。通过与大柏老村奶牛养殖户座谈和现场了解发现：养殖小区内人畜混居、粪便随意堆放，无粪便和污水处理设施（个别小区有设施，但未投入使用）、无防疫消毒设施。小区内外秸秆乱堆、乱放。部分小区是一户一院的形式把散养户简单集中起来，没有实行统一的管理。同时，一些小区没有防疫管理制度，有的虽然制定了管理制度，但无专人负责。小区内养殖户各自为政，人员随意出入，拉粪车、牛贩子在各小区乱窜。据了解，小区的建设不符合动物防疫要求、管理不到位是造成2005年该村口蹄疫暴发流行的重要原因之一。

（5）缺少技术服务人员。

一是村级没有畜牧技术指导和兽医防疫人员。畜牧技术（饲养、管理）靠农民自己摸索，没有人指导，造成重兽医轻畜牧。只看到猪有病要花钱、死了要赔钱，看不到猪只长得慢、长不好、体况差、多费料、易生病、少赚钱。镇畜牧兽医站技术服务能力低，除防疫外饲养过程得不到技术指导和培训，只能以传统办法养殖，生产水平低。

二是兽医人员短缺。防疫仅靠镇兽医站组织防疫员定期进行免疫。如榆垡镇现有10名兽医、13名防疫员，担负全镇58个村6万头猪及其他数万头（只）畜禽防疫，人力略显不足，因此只对饲养集中的规模场、养殖小区进行现场免疫，散养户自己买苗、自己免，疫苗来源多渠道，谁卖得便宜就买谁的，质量没保证。兽医站定期检查免费监测（限期取药，5天后检测）。

三是农民信息渠道有限。目前，农民只能在养殖过程中与同行沟通、同亲属讨论、向销售药物的公司请教，请养鸡协会帮助来解决相关问题。

（6）缺少优良奶牛品种，经济效益偏低。调研中发现，由于许多养殖户对奶牛品质的好坏认识不清，引进奶牛没有长远规划，致使很多产奶量低、鲜奶品质差的杂交改良牛被引进小区，造成奶牛生产性能参差不齐，产奶量不高，多数在中等或偏下水平，经济收益偏低。

（7）缺少先进的奶牛喂养管理和防疫技术。通过座谈了解到：一部分养殖户没有很好掌握奶牛的喂养管理技术，依然套用传统饲养方式饲喂奶牛，没有掌握乳牛日粮平衡等基本养殖技术，多用玉米秸秆和精饲料直接饲喂，且不喂青贮等多汁饲料，有的奶牛一天喂10千克以上的精料，造成饲养成本高、产量低并易引起代谢疾病。同时，相当一部分养殖户对动物防疫工作的重要性认识不足，缺乏基本的防治疫病知识和消毒技术，免费发给的消毒药物不会使用，有的甚至将两种不同类型的消毒药物混合错误使用，根本达不到消毒的目的。

(8) 合作社管理水平低，生产服务不到位。一是合作社管理水平低，规模小，带动能力弱，对龙头加工企业影响相当有限，直接影响了合作组织带动养殖户抵御市场风险的能力。二是合作社运作管理不规范，大部分重营利轻服务，重分配轻积累，养殖户意见大。三是为产业服务的实体弱，提供科技信息、科技服务和技术培训等非盈利性服务严重不足。

6.2.3 农民需求

(1) 需要技术培训与指导。许多养殖专业户深刻认识到自己在饲养、疫病防治技术方面缺乏，迫切希望解决问题。

农民要求有关单位从生产实际入手，加强对养殖户的技术技能培训和现场指导，使农民掌握科学饲养管理技术；对养殖户的技能培训是各级农技推广机构的职责，镇畜牧兽医站加强技术指导和培训，村委会也应积极帮助农户与上级畜牧兽医部门联系培训和指导事宜。养殖户普遍希望有关技术部门能够定期举办一些畜牧养殖的培训班，特别是饲养管理实用技术（如何提高产奶量、饲料的配比）、防疫知识、常见病治疗、消毒知识等方面的培训。

农民需要畜牧兽医部门为村里培训畜牧技术、防疫员和兽医。防疫员可由地方兽医站帮助培养，兽医培养条件要求严格，不易实现，疾病诊治由兽医机构提供服务为好。

(2) 增加和改善养殖小区。

一是增加养殖小区数量。目前延庆县农村还有数目众多的畜牧散养户，既不利于标准化生产管理，也造成了人居环境的污染。同时，大型的畜禽收购、加工企业一般都要求农户采取小区养殖，在产品收购价格上向小区养殖户倾斜，许多农民都希望能够进小区养殖。调研组在大柏老村进行农民座谈时，许多奶牛散养户都提出了要求新建养殖小区，尽快改变现有的庭院式饲养模式，消除牛的粪尿污染，提高牛奶的质量。

二是改善养殖小区的基础设施，完善现有养殖小区的设计和管理。目前许多养殖小区设计不合理、基础设施不配套造成了小区内的人畜混居、畜畜混养，人居环境受到污染。农民希望对现有的小区重新规划改造，合理规划居住区、养殖区，在居住区和养殖区之间建立种植隔离区，将居住与养殖分开，重点解决饲养工艺、防疫设施、粪污处理与合理利用问题，减少养殖业对环境的污染。

（3）加强技术服务。

一是提高技术服务质量。散养户要求加强对产前、产中、产后的服务，如兽药、饲料等投入品供应，饲养管理指导，鲜奶销售等。农民对相关机构的服务质量十分不满。总体上看，要求各类服务机构各负其责加强服务并提高服务质量。

二是建立通畅的市场信息渠道。农民希望建立通畅的市场信息和销售渠道，及时出售畜禽产品并卖得好价钱。

（4）引进优良品种。大兴区王家屯村饲养的二元母猪占 20%，主要来源于资源种猪公司（送 2 头公猪），生产三元商品猪，其他多为村民自繁自养选留的品种，品系不清。村民认为养二、三元猪销售价格低，不如饲养一元纯种猪卖钱多，希望帮助引进优良纯种猪。大兴区佟营、薛营的奶牛品种质量差，都急需更新或改良。

近几年，延庆县奶牛养殖业发展很快，养殖户大量增加，养殖规模迅速扩大。但现有的低产杂交奶牛数量不在少数，全县奶牛单产有所下降，养殖户希望能够淘汰低产的杂交奶牛。鉴于引进良种活牛具有费用高、疫病风险大等缺陷，他们提出需要普及县政府开展的优秀奶牛精液送户工程，想通过引进优质种公牛精液，改良奶牛品种，提高单产，增加效益。

（5）提供优良饲用玉米的品种信息和栽培管理技术。延庆县的玉米生产大部分用于畜牧养殖，许多乡镇和村的玉米生产和畜牧产业紧密结合，是种植业向养殖业的延伸，因此玉米产量的高低、品质的好坏将关系到畜牧业的生产效益。许多养殖户希望技术部门不仅要提供优良的畜牧品种信息，开展养殖技术培训，同时还要提供优良的玉米品种，特别是饲料专用玉米的品种信息，为他们举办先进实用的玉米高产栽培技术，以提高饲料玉米的产量和耕地利用率。

（6）建立饲料加工厂（饲料加工、青贮饲料），提供优质奶牛饲料。一般养殖户只有简单的玉米脱粒机、秸秆粉碎机等设备，缺乏收割机、青切机、揉碎机等饲料加工机械，饲料加工以手工操作为主，劳动力投入多、劳动强度大，饲料利用率低。他们希望在养殖小区建立饲料加工车间和青贮车间，统一购进加工机械，提高养殖业机械化水平，减轻劳动强度，提高生产效率。

（7）规范和完善奶牛合作社，为养殖户提供全方位服务。奶牛养殖户提出要制订相应的管理措施，规范合作社的运作行为，发挥合作社组织作用。同时要求政府部门扶持合作社的发展，配套完善必要的培训教室、桌椅和电教设备，指导合作社开展饲料、配种和技术培训等活动。

（8）政策支持。希望在扶持政策上给予考虑农村兴建养殖小区问题；希望政府设立专项贷款支持农村产业发展；出台小额低息贷款政策，简化贷款手续，解决发展养殖业贷款难；向少数民族村倾斜政策；现有扶持政策（如良种奶牛精液补贴）要落实到户。

6.3 观光旅游业发展现状、问题与农民需求

6.3.1 发展现状

1998 年北京观光农业工作会议后，民俗旅游产业迅速发展，到 2003 年底，11 个区县 50 多个乡镇近 300 个村开展了民俗旅游接待活动，接待户1.2 万户，从事民俗旅游接待的农民近 4 万人。北京市政府于 2003 年制定和实施推进北京郊区农业现代化发展的"221 行动计划"，市农委、旅游局会同相关部门，先后制定了《乡村民俗旅游评定标准（试行）》和扶持政策，加大了对乡村民俗旅游的引导、规范和扶持力度，使得郊区乡村民俗旅游接待设施建设和经营服务水平有了较大改善，产业发展进入规范化、标准化阶段。

比较大兴区和延庆县在旅游资源及开发模式上各有特色。

大兴区具有独特的生态条件，农业观光和民俗旅游蓬勃发展。近几年已建成采育万亩葡萄观光园、安定古桑园、庞各庄万亩梨花庄园、魏善庄千亩精品梨园等一批各具特色的旅游、观光采摘精品园。留民营村被国家旅游局评为首批国家级农业旅游示范点，老宋瓜园、御林古桑园、采育葡萄观光园、绿得金生态观光园等 8 个观光园首次达到星级标准，成为农业观光旅游跃上新台阶的标志。以东方绿洲生态餐厅、清苑春景生态餐厅、绿邦生态餐厅、派尔庄园等为代表的生态餐厅烘托出了农业观光的氛围。旅游节庆活动为农业观光发展锦上添花，每年从春天的"梨花节""桑葚节"到秋天的"春华秋实""梨王擂台赛""采育葡萄文化节"等活动不断，精彩纷呈。旅游节庆活动的开展不但展示了大兴良好的自然生态环境和"绿海甜园，都市庭院"的自然美景，而且直接促进了农产品的销售和相关产业的发展。据初步统计，全区乡村旅游已发展到 7 个镇 14 个村 183 个市级民俗旅游接待户。2005 年农业观光旅游收入达到 4 900 万元，占旅游总收入的

14.6%。庞各庄镇和北臧村镇还涌现出了年接待游客收入近 10 万元的民俗旅游接待户。目前，农民观光和民俗旅游已成为大兴国民经济的增长点和新兴产业。

延庆县的旅游资源极其丰富，是京郊第一旅游大县，八达岭长城、龙庆峡、玉渡山风景区、松山、古崖居、康西草原、妫河漂流、妫海远航、硅化木地质公园、仓米古道等一大批旅游景区，每年都吸引着数以百万计的国内外游客前来观光度假。从 20 世纪 90 年代开始，延庆县农户以旅游景区为依托，由"住农家院，吃农家饭"起步，自发性地开展乡村旅游。2002 年县政府在旅游局成立乡村旅游管理服务中心，负责全县乡村旅游的规划、开发、指导、管理和服务协调工作，乡村旅游产业进入政府主导阶段，政府每年拿出专项资金，扶持乡村旅游事业的发展，调动了乡镇、村和农户开办乡村旅游的积极性，两年内全县各方面用于乡村旅游软硬件建设的投入已超过 3 000 万元。2004 年全县乡村旅游接待游人 56 万人次，收入1 800 万元。

近年来，延庆乡村旅游逐步形成了一村一品、主题突出、特色鲜明的品牌。如延庆镇东小刘屯村的"乡下有我一分田"休闲耕作基地，里炮村、前庙村、苏庄果树科技示范园等多品种水果观光采摘园，以果园放养柴鸡为特色的兰英生态园等乡村旅游村、户已经走上农业生产经营和观光旅游产业有机结合、相互促进的良性循环的道路。乡村旅游成为农民致富特别是山区农民致富的重要途径。

6.3.2　主要问题

（1）基础设施建设不足。开展乡村旅游的农户基本上是自己出资进行房屋改造、装饰、厕所等的修缮和硬件设施的完善，需要投入的资金较大，而农民收入低，缺乏资金投入，旅游资源开发投入少，造成农户基础设施落后，环境卫生差，制约了服务水平和接待能力的提高。

（2）农户发展乡村旅游缺乏启动资金。农户反映接待设施不齐全，缺乏提高接待的设施和条件及在梨园里盖房子、房屋装修等方面的资金。一方面，想做乡村旅游的农户无法获得贷款；另一方面，上级扶持力度不够。另外，旅游投资趋向侧重于设施投资，旅游资源开发投入偏少。

（3）旅游产品单一。目前延庆县的乡村旅游主要以农家乐和小景点休闲为主，旅游产品普遍缺乏文化内涵，产品项目的设计和开发缺乏文化品位，许多乡村旅游活动只是"吃农家饭、干农家活、住农家房"，缺乏创新设计和深度加工，在发掘当地的民俗风情、提高活动的娱乐性和游客的参与性等深层次开发方面还做得不够，难以让游客感受和体验乡村旅游地的形象，影响了产品的吸引力和游客的重游率。

大兴区的样本村只是民俗产品和采摘产品，缺乏特色。度假休闲产品和文化旅游产品开发较少。目前产业的配套还很不够，没有形成吃、住、行、游、购、娱的产业链条。旅游运行六要素中，购、娱的收入份额几乎没有，总体消费水平难以提高。梨花村只在每年搞赏花节、采摘节的时候才有人来，总共加起来也不超过3个月，带来的效益太少。游客即使平时来了，也没什么玩的，留不住客人。

（4）缺乏宣传，知名度低。延庆县千家店镇千家店村地处北京市的上风上水地区，黑白河流经村域，加上这几年的退耕还林，具有良好的生态自然资源。同时，硅化木国家地质公园坐落村域内，有木化石中心区、滴水壶、乌龙峡谷、燕山天池、云龙山5个景区共25个景点，是集观光旅游、休闲度假、垂钓烧烤、科考健身为一体的综合性景区，是延庆县五大景区之一。但是，我们在调研过程中，很少能看到比较醒目的广告宣传牌，13位参加调研的人员没有一位知道该村的地质公园。2004年镇政府曾出资组织对该景区进行了宣传，当年来观光旅游的人就比较多。2005年没有宣传，来观光旅游的仍然是2004年来过的回头客，新增加的观光客比较少。这一方面证明该地区的旅游资源还是很有吸引力的，另一方面说明景区宣传对该地区旅游业的发展有着举足轻重的作用。

据了解，近几年延庆县乡村旅游多次参加北京、天津等城区的宣传促销、旅游推介会等活动；主动到京津地区进行促销，统一印制宣传册、宣传彩页等；通过广播、电视、报刊等进行促销，统一为民俗村制作宣传网页登录各大网站等举措，收到了一定的效果。但乡镇、民俗村户宣传力度不够，方式不活，自主营销意识不强，存在宣传被动、宣传面窄、宣传方式死板的问题，宣传效果不明显。同时，在调研中发现资金缺乏是乡村旅游宣传不够的主要原因之一，印制宣传手册、发行宣传材料以及在电视台做宣传广告等都需要资金支持。千家店村曾经有人与北京电视台联系做宣传广告，宣传一次要2万元，他们拿不出这样的一笔钱，也没有别的资金来源支持这种宣传。

（5）经营规模小，接待能力低。延庆县乡村旅游的开发和投资主体多为当地农户，由于投入资金有限，普遍存在经营规模小的现象，多数经营者只利用现有的农田、果园、牧场、养殖场，略加美化和修饰，就开始进行旅游经营，旅游配套设施不完善，整体接待水平和服务水平较低。里炮村是一个乡村旅游村，目前还没有形成规模，在调研中一位村干部向我们反映曾经有好几批二三百人的游客团要来他们村观光旅游，由于没有接待能力只好放弃了。柳沟村的乡村旅游户也提到：不少游客都是奔着大的乡村旅游户去的，一些小户的客源就比较少，大户和小户之间的客流量相差挺大。

（6）农户缺乏开展乡村旅游的技能。农户厨艺不高，语言表达能力不强，不知如何接待，如何服务，如何向游客宣传介绍。

6.3.3 农民需求

（1）获得行业优惠政策。当前乡村旅游正处于快速发展之势，有些农民想搞乡村旅游，但苦于没有足够的资金投入。他们希望政府能够制订乡村旅游补贴金及低息贷款或无息贷款等优惠政策，作为发展乡村旅游的启动资金。

农户反映接待设施不齐全，缺乏提高接待的设施和条件及在梨园里盖房子、房屋装修等方面的资金。希望资金扶持或给予实物补贴，如配备消毒柜、冰柜这些乡村旅游户必备设备等。

（2）加强宣传攻势，提高民俗村名气。村民希望乡镇政府能够帮助他们在北京市和沿途树立宣传广告牌和标志牌，在县城设立民俗村接待处。同时帮助他们建立民俗村宣传网站，来吸引更多的游客。

（3）多举办些培训和参观活动。农户认为厨艺不高，语言表达能力不强，不知如何接待，如何服务，如何向游客介绍，希望上级部门增加这方面的培训，如厨艺、礼仪、服务等方面的培训，搞一些参观活动，提高接待技能。

（4）加强对村里乡村旅游业的扶持、组织和管理。大兴区梨花村只是民俗产品和采摘产品，缺乏特色。度假休闲产品和文化旅游产品开发较少。目前产业的配套还很不够，没有形成吃、住、行、游、购、娱的产业链条。旅游运行六要素中，购、娱的收入份额几乎没有，总体消费水平难以提高。梨花村只在每年搞赏花节、采摘节的时候才有人来，总共加起来也不超过3个月，带来的效益太少。游客即使平时来了，也没什么玩的，留不住客人。

旅游办规定的梨的采摘价格是2元/千克，都定了十多年了，那时候梨便宜，现在应改一下规定。凭票采摘本意是帮助农民发展乡村旅游，但由于市场价格的变化，拿票进行采摘的人反而损害了民俗户的利益。所以民俗户希望能够废除凭票采摘，游客都按照旅游办规定的价格称重交钱。

（5）完善基础设施和环卫设施。生产、生活基础设施薄弱与村中无一定公共资金积累有很大关系。水、电、道路、房屋以及与乡村旅游相配套的基础设施建设相对滞后，农户反映缺少消毒柜、冰柜等设施，厕所需要改建、洗澡设施需添置等。比如家里要配备节能炕、太阳能、宽带、卫星电视等设施，同时还要有地下污水处理系统和垃圾处理等。延庆县柳沟村的农民说，他们每年要接待近 20 万游客，每个游客即使只产生一点垃圾，数量也是特别庞大。该村的村委会干部在访谈时提到这个问题也特别头疼，他们说："光每年往外运垃圾就特别费钱、费力。但又不可能让垃圾留在柳沟村，游客图的就是环境好，如果到处都是垃圾，就没人来了。"

（6）参加行业技能培训。乡村旅游是一项综合性很强的产业，不仅仅涉及农业，还需要从业人员掌握餐饮服务、接待礼仪、人员管理、广告宣传等方方面面的知识和技能。目前乡村旅游的从业人员大多数都是当地的农户，大多没有经过专门的行业培训，缺少行业服务技能，经营管理无章可循，影响产业的健康发展。因此，农民希望能够参加乡村旅游行业方面的技能培训，提高接待能力和水平。同时，农民也希望能够进行电脑使用、上网知识方面培训，他们说："现在家里都有点钱了，很多村民都有电脑，想通过上网了解外界的信息。但很多村民根本不会使用电脑，也没有这方面的技术人才来帮助他们、教他们如何用电脑、如何上网，他们需要懂电脑的技术人员进行培训。"

6.4　面临农村劳动力转移类型农村的现状、问题与农民需求

6.4.1　发展现状

大兴区采育镇东半壁店村，是此次调研的唯一一个农村劳动力转移村。该村位于大兴区东南郊，东距河北省廊坊市中心仅有 10 多分钟的路程，南与北京市通州区毗邻，西靠近京津塘高速公路，南六环东向西横穿乡域中部。该村交通条件极为便利，而且所有土地已被规划为政府用地，作为市级经济开发区的开发用地。

该村集体总资产 933 万元，集体现金积累 91.1 万元。通过对该村的调查得知，该村产业发展逐渐向二、三产业集中和倾斜，种植业和养殖业已不是该村的主导产业。在该村二、三产业发展中，该村产业的发展目前还相对薄弱，产业中产品的选择缺乏高技术含量和发展前途，主要是劳动密集型企

业（如铸造厂、印刷厂、工具厂、包装厂等）。随着周边工业区的开发和外来企业的引进，该村有 60％劳力转而从事二、三产业，只留下老人和一部分妇女从事农业生产，由于近两年农用物资价格的上涨和作物种植品种的单一，农户已经不愿意从事种植业生产，大部分农民愿意尽快将自己的土地租出去，以便进行其他产业的发展。

6.4.2　主要问题

（1）对土地征占政策不了解。缺乏土地流转方面的相关知识和政策，重点集中在征地补贴金额的问题上，他们害怕政府一次性补助的政策。

（2）农民就业观念与现实状况有差距。当地村民对于就业缺乏危机感，对于一些工资低、待遇差、苦一些的活不愿干，这就造成大量的有劳动能力的村民在失地后不能够就业，没有稳定的收入，生活不能得到保障。如本村企业铸造厂的沙工，当地人怕脏、累、味等原因不愿意干，现在都是外地人在干，工资由一两年前的 500～600 元/月，增长到现在的 1 200 元/月，但村民认为这样的工资水平太低，与付出的劳动不成比例，他们宁肯闲置在家也不愿意从事这样的工作。

许多失地农民由于很少接受培训，素质不高，也是造成他们就业困难的原因之一。如有一个村民在当地企业上班，企业规定不许抽烟，他偏要在上班时间抽烟，结果被开除。因此，如何加强失地农民的就业培训和指导，提高他们的就业技能和基本素质，也是我们要面对的急需解决的问题。

6.4.3　农民需求

（1）需要了解土地的征用政策以及失地农民的保障政策。针对东半壁店村的现状，从村民对该村产业发展所持的态度看，该村已经脱离了农业生产的领域，虽然该村还在从事和将要从事一段时间的种植业，但是这已经不是该村农民所关心的主要问题。当该村所有土地被纳入到市政府规划用地后，村民已经将目光转移到土地使用的问题上，而不是种植业发展的问题。在土地全部征收以后，村民对今后生活和发展生产没有确定目标。土地纳入规划后，不准农民进行农业产业结构调整和种植经济作物，影响了农民收入。

村民最关心的是关于土地的征用政策以及失地农民的保障政策。绝大部分农民对政府的征地政策不清楚。农民缺乏土地流转方面的相关知识和政策指导。农民将注意力集中在征地补贴金额的问题上，他们害怕政府一次性补助的政策。

（2）需要保留部分村级支配的土地。大部分村民认为要在规划园区内，给村集体留一块可自己发展二、三产业的土地。在这个问题上，村民意见非常一致，因为他们明白一个道理，就是土地的价格会随着时间的流逝而升值，他们想用自己的土地盖厂房，租给生产企业，这样不但获取了租费，而且这块土地的地权还是属于村集体的。在这块土地上，村民们可以去就业，靠这块土地来维持整个村的可持续发展，他们也不知道政府的征地政策到底是怎么样的，它们只是想留下一个自救的保证。

（3）需要劳动职业技能培训和就业信息。村集体企业和私营企业主要从事一些机具、铸造、包装、印刷等劳动密集型企业，技术水平和产品的技术含量相对较低，发展缺乏资金。农民对于一些工资低、待遇差、苦一些的活不愿干，这就造成大量的有劳动能力的村民在失地后不能够就业，没有稳定的收入，生活不能得到保障。农民需要劳动职业技能培训和就业信息。

（4）需要在失地后完善村民的养老、医疗等农村社会保障制度。

7 结论与建议

7.1 结论

（1）参与式调研方式的运用，使参与座谈的农民与调查人员之间拉近了距离，调查人员从农民那里获得了很多真实的想法，掌握了大量的第一手资料。

（2）通过调研发现，农民在生产发展中存在的许多问题与农民的需求是相关的，处于不同富裕程度、从事不同产业类型的农民所存在的问题和需求是有区别的。

（3）通过本次调研，使我们对过去已经熟悉的生产问题有了更进一步的认识，同时农民反映出的许多对当地农业生产问题的看法和解决问题的想法对于农业服务部门今后如何瞄准问题，调整工作思路，改进工作方法有很大的帮助。

7.2 建议

实现建设新农村的目标，必须首先立足于农村产业的发展，始终把发展农村生产力放在第一位，大力发展现代农业。要发展农业和农村经济，必须改变传统的思维模式，促进结构调整，转变增长方式，用现代发展理念指导农业，用现代物质条件装备农业，用现代科技改造农业，用现代经营形式发展农业，加快传统农业向现代农业的转变，促进粮食增产、农业增效、农民增收。

7.2.1　调整科技攻关重点，解决阻碍产业发展的关键技术

根据生产中遇到的土壤线虫危害、动植物疫病综合防治、设施蔬菜高产高效、舍饲养殖技术配套测土施肥与养分综合管理等问题，组织重点攻关，整合在京科研机构和高等院校的科研优势，发挥市区县推广体系优势，联合开展重大关键技术研究与示范，为产业发展提供科技支撑。

建议采取的具体措施：①整合多方科技力量，对农业生产影响大的关键技术问题开展联合攻关，包括调研过程中农民反映强烈的的根结线虫问题，设施蔬菜高效栽培，舍饲养殖，科学施肥等重大技术问题，确保农业安全生产；②发挥市、区县多级农业技术推广体系的技术推广优势，及时快捷的将高等院校和科研院所的科研成果推广应用到农业生产中。

7.2.2　调整试验、示范重点，提供农民生产需求的实用技术

根据农民提出的缺少瓜菜新品种及配套高效栽培技术、植保用药技术、科学施肥技术、畜禽饲料配方和科学饲养管理技术及常见病防制和消毒技术、设施机械、果园剪枝技术等开展实用技术试验示范。农民对于新品种、新技术和新产品的渴求超出许多调研人员的想象。对比当前许多科技成果不能快速、高效的转化成现实生产力的状况，其原因之一就是许多成果不被农民接受。因此通过实地调研了解农民需求，调整项目支持方向，满足生产需要，提高生产能力。

建议采取的具体措施：①以生产问题为导向，确定试验示范的重点。通过调研了解农民生产中亟待解决的技术问题和难题，包括瓜菜新品种及配套高效栽培技术、植保用药技术、科学施肥技术、畜禽饲料配方和科学饲养管理技术及常见病防制和消毒技术、设施机械、果园剪枝技术等通过试验示范帮助农民掌握这些技术；②积极开展蔬菜、西甜瓜、果树及优良农作物的新品种及配套技术的推广应用。

7.2.3　调整技术培训重点，提供针对性、实用性、实操性强的技术培训

针对农民培训，要改变现有的单一以专家讲课为主的技术培训模式，根据农民自身素质和特点，按照农民对培训的需求，开展实操性、针对性、互动性、实用性强的技术培训，推广农民田间学校培训方式，提高培训效率，增强培训效果，提高农民素质。

建议采取的具体措施：①引进参与式培训方法，探索农民培训的有效运行机制，提高首都农村人力资源开发和农民能力建设水平；②采取多层次培训方式：市级专家对区、镇级科技人员开展培训，区、镇级科技人员对村级

技术员培训，做到京郊区县的每个村有村级技术指导员对农户进行田间地头的技术指导；③按照农民对培训的需求，开展实操性、针对性、互动性、实用性强的技术培训，推广农民田间学校培训方式。

7.2.4　调整单一技术服务方式，提供综合性、简易化、社会化技术服务

现有的技术服务模式提供的是技术专一性很强，甚至是生产上某一环节的单一技术，如品种、植保、施肥、饲料、防病、栽培等，但是农民面对的是整个生产过程全部的问题，需要了解品种及其配套技术、产品销售、购买生资等全过程的与生产相关的信息和技术。因此，必须改进现有技术服务模式，提供全程技术与信息服务，根据农民接受能力和程度，将这些综合技术与信息进一步简化为可操作、易接受、有效益、社会化的服务方式提供给农民。

7.2.5　调整农业信息服务内容，提供市场、技术和政策信息

农民十分渴望能够及时获得农业生产所需的品种、技术、市场、价格及政策的信息，农业部门应加强此方面信息的收集与发布。设立专门农业信息收集权威机构，进行相关信息分析预测和发布，减少农民生产和销售的盲目性。

建议采取的具体措施：①将推广部门的推广职能与农村信息化建设结合起来，改善和加强推广服务的手段和方法，利用现有的广播、报纸、电视等传媒，增加农业生产、销售信息发布量与发布频率；②充分利用农村信息网络平台，有针对性地为农民提供系统、即时的农业信息；③设立专门农业信息收集权威机构，进行相关分析预测和发布，从而减少农民生产的盲目性，有利于提高生产效益和农民增收；④在农村建立农技咨询热线电话制度，使农民有机会与县乡技术员反映生产发展中的问题，及时得到专家和技术员的指导和帮助；⑤借助"传播载体下乡"和"村村通"工程建设成果，加大信息硬件设备的扶持力度；⑥加强信息技术培训。对每个镇选择试点村，在配置电脑和上网设备的基础上，尽快组织有关信息化基本知识的培训，建立实用性强用户广泛的信息系统，做到信息服务进村入户。

7.2.6　调整基础设施支持重点，强化公益性服务设施建设

集中资金重点解决对生产影响大，依靠农户个体和村庄自身无法完成的公益性基础设施建设。重点完善农田水利基础设施建设；重点解决防疫设施、粪污处理与合理利用设备；完善设施栽培结构，更新温室设施，提高保护地栽培的能源和资源利用效率，增加农民收入。

加大政府对影响全局的预测预报基础信息建立的支持力度。包括病虫害

测报、生物防治、疫病预警、耕地质量预警、外来生物风险评估等系统的建设，确保农业生产和生态环境安全。结合优势农产品布局，强化村级试验示范基地建设，为农民提供实操试验基地，搭建技术人员、农户、专家学习交流的平台，加快成果转化推广，促进农村科技创新。

建议采取的具体措施：①可以通过新农村建设项目扶持及借助市区对农业发展政策扶持资金，解决农民发展生产的启动资金问题。②建立多元化的投资机制，完善农业基础设施。一是政府财政投资。通过新农村建设项目扶持及借助农业发展政策扶持资金，重点解决一般村的农业基础设施建设，提供发展生产的启动资金。二是银行优惠信贷。对于基础设施薄弱但具有发展优势主导产业潜力的地区，由银行提供低息或免息的资金贷款，用于完善基础设施建设和主导产业的开发。三是民营企业投资。对于具有良好的产业发展资源的地区，通过企业投资和经营不仅可以解决基础设施和启动资金的问题，而且可以实现规模化生产和产业化经营。四是农民集资。对于富裕村存在的基础设施问题，可以采取政府出面组织，农民出钱集资解决的方式。

7.2.7 调整农民服务组织支持重点，强化真正带领农民致富的合作组织建设

采取措施引导农村基层积极发展多种形式的合作经济组织，将分散的小规模生产农户组织起来，重点培育一批高质量起作用的农村合作组织，通过利益共享和分配机制，形成一定规模的利益共同体，制订切实可行的规范管理措施，促使合作组织正确履行职责，实现资源和信息共享，共同进行技术服务、产品推介、市场开拓，应对自然风险和市场风险。引导帮助农民经济合作组织提高服务档次和水平，增强其辐射带动力，使其在农业产业化的形成和发展中发挥更大的作用。

建议采取的具体措施：①政府采取措施引导更多的农村基层积极发展多种形式的合作组织，在扩大合作组织的数量和规模之前，重点培育一批高质量起作用的农村合作经济组织；②通过利益共享机制，将分散的小规模生产农户组织起来，形成一定规模的利益共同体，共同进行产品推介、市场开拓，应对贸易争端，提高产品竞争力和生产效益；③制订切实可行的规范管理措施，促使合作组织正确履行职责，提高服务档次和水平，增强其辐射带动力，使其在农业产业化的形成和发展中发挥更大的作用；④政府应建立资金补贴或低息贷款等政策，鼓励和扶持农村基层积极发展多种形式的行业协会和龙头企业，着力培养农民自己的代理商、批发商、经纪人等中介组织。

通过农业产业化经营将分散经营的一家一户组织起来，将生产规模做大、产品质量做高、品牌做响。

7.2.8 调整农资监管重点，强化整顿市场秩序，保障农民利益

将农资监管重点放在源头，强化三品生产企业监管力度。针对设施栽培农民购买农资提前的特点，将阶段性农资集中打假时间前移至元旦左右。创新执法打假技术手段，增强打假技术能力，建立和完善预警制度、督查督办制度、举报制度，给农民提供一个举报、投诉的渠道。建立农业生产资料连锁配送网络，实施三品销售人员资格准入，扩大良种、质优农资的覆盖面。加强农资商品市场调查、监测，及时发布预警信息，引导农民消费。

建议采取的具体措施：①加大打击力度。各级工商、质监、农业、公安等相关部门的执法人员联合行动，深入开展农资打假下乡活动，密切关注劣质农资销售新动向，依法对制售假冒伪劣农资、坑农害农的行为进行查处，针对设施栽培农民购买农资提前的特点，将阶段性农资集中打假时间前移至元旦左右，保证农民利益不受损害。②建立和完善预警制度、督查督办制度、举报制度以及"黑名单"制度，创新执法打假技术手段，增强打假技术能力。③增加统一进货渠道、统一物资价格的安全生资的连锁配送网点建设，扩大良种、质优农药的覆盖面。④呼吁国家通过建立农资储备库来调节农资市场价格。⑤加强农资商品产销、市场供应、生产经营成本及市场价格变化的调查、监测，及时发布预警信息，引导农民消费。⑥开展全县农资大检查，组织农业、公安、工商、城管和质检等部门组成联合检查组，对农业生产资料供应市场进行一次大检查，净化农资市场，保护农民的切身利益。⑦开通"农资3·15"热线给农民提供一个举报、投诉假冒伪劣农资的渠道，鼓励农民积极参与打假；建立农业生产资料的连锁配送网络，可以借助"万村千乡"市场工程，组织农资生产企业和流通企业，采取集中采购的方式，将农资产品融入农家店的物资配送中，既可以保证农资的质量，统一价格，同时也方便农民采购。

7.2.9 明确职能，完善体系，加大农技推广力度

当前农民获取农业技术新成果量少质次、技术培训缺失的重要原因，就是基层农技推广体系承担了过多公益性推广职能业务以外的工作，难以有效开展农业技术推广工作，因此迫切需要将公益性推广职能从其他业务中剥离出来，扎扎实实地为农民提供技术服务和培训。在明确国家推广机构主导的

基础上，发展社会化农技服务组织，进一步完善区、镇、村三级科技推广网络，解决农民科技难题。

（1）政府增加对农技推广工作的投资。通过扶持实训基地发展，进行新品种、新技术引进试验示范及实训推广。将技术服务与经营分开，使相当一部分技术人员专心于推广咨询服务工作，避免角色冲突，提高服务质量。

（2）调整和瞄准目标群体，实现推广服务层级定位。完善区、镇、村三级科技推广网络，特别是重视解决村里的农民有问题找不到合适的人帮助的问题，每个村应重点培养至少1名带动能力较强的技术指导员。改革基层农业技术推广的用人机制，一方面，解决目前农业科技人才就业难的社会问题；另一方面，充分利用现有社会农业科技力量，解决农民科技需求与推广计划素推广断层的现状。实现推广服务的层级定位的关键是解决乡和村级的推广人员和岗位责任落实到位的问题。应该探索将推广服务机构的服务与农民专业技术协会的管理制度结合起来的运行模式，使作为服务对象的农户拥有对农技推广服务质量监督和管理的制衡力。

（3）使农民需求调查经常化和制度化。鼓励农业部门应用参与式方法开展农民需求的调查，使得农村调查形成一种常规制度和工作安排坚持下来。通过需求调查，使农业干部形成以农民需求为导向的推广服务的思维方式，技术干部研究如何与农民沟通，与农民一起工作的途径，改变过去任务导向的单纯的技术服务职责，树立为帮助农民解决实际问题的理念，不断根据农民的需求调整服务策略和工作方法。

（4）注重科技入户工程的机制研究和管理创新。农业科技入户工程经过一年多的实践表明，在现阶段不失为一种切实可行的农业技术推广新形式。一是通过政府投资，加强对新品种、新技术示范推广的支持力度；二是通过整合资源，加强了技术推广部门和科研部门的合作与联动，提高科技成果的转化效率和推广人员的科技水平；三是通过科技人员的进村入户，不仅在生产实践中造就一批受农民欢迎的技术推广人员，同时初步构建了政府组织推动，市场机制引导，科研、推广机构带动，农业企业和技术服务组织拉动，专家、技术人员、农业基地（或园区）管理者、示范户和农户互动的新型农业科技网络，形成科技入户的长效机制。

（5）政府研究鼓励农业技术人才资源走入农村的政策。采用多种手段将各种涉农人才、科技人才引入农村，以优质的人力资源支持农村发展，使农民长久受益。

（6）鼓励农民服务农民的工作方式。区县农业局探索在村庄社区选拔和培养当地农村技术员的试点，逐步取得经验，建立农民服务农民的运行机制，实现以农民需求为导向的社区服务模式。

7.2.10　加强对农民的政策宣传，完善支农扶农政策体系

在落实各项支农政策的过程中，注重政策的宣传和措施的细化，帮助农民理解政策的具体内容和支持方向，切实保证各项政策的落实。

建议采取的具体措施：①加强对新农村建设和诸多农业政策的宣传，使农民了解政策的优越性，以发展主体的位置谋划本村未来的发展。②建立农业保护体制。现阶段，农业依然是弱势产业，广大农民在社会经济地位上依然处于弱势群体的地位，应该加强农业保护体制的研究和建设，包括市场风险、自然灾害风险等的保障机制，协助农民提高抵御风险能力，确保农业生产持续发展。③规划、拓展新的支农扶农政策，尽力细化惠农政策条款并制度化，使各项政策能够稳定惠及农民。

8　附录

北京市农村"生产发展"农民需求户访调查表

区/县名：	被访问者姓名：
乡名：	性别：
村名：	年龄：
户主姓名：	与户主关系：
联系电话：	
调查日期：	调查员姓名：
调查开始时间：	调查员工作单位：
调查结束时间：	联系电话：

农户调查目标：了解农户生产生活基本状况；澄清村庄现有资源及农户收支状况；发现村庄发展潜力；明确农户基本需求；为制定社会主义新农村建设规划做准备。

A. 家庭成员基本情况

（家庭成员包括 2005 年户口在本户以及上学、参军人员）

个人编码 姓名	性别 1 男 2 女	与户主的关系 户主对其的称呼	年龄 周岁	2005年在家居住时间 月	民族 1 汉 2 满 3 回 4 其他（注明）	健康状况 1 健康 2 残疾 3 慢性病 4 其他	婚姻状况 1 已婚 2 离婚 3 丧偶 4 未婚	是否本村户口	是否干部 1 乡及乡以上干部 2 村干部 3 小组长 4 否	文化程度 0 没上学 1-1 小学在读 1-2 小学毕业 2-1 初中在读 2-2 初中毕业 3-1 高中在读 3-2 高中毕业 4-1 中专在读 4-2 中专毕业 5-1 大专在读 5-2 大专毕业 6-1 大学在读 6-1 大学毕业	职业 0 无 1 农民 2 做生意 3 跑运输 4 出租司机 5 民俗旅游 6 经纪人 7 乡土法律人 8 军人 9 学生 10 其他	有何手艺？（选最好的） 1 没有 2 开车 3 缝纫 4 烹调 5 木匠 6 铁匠 7 行医 8 修理 9 文化人 10 其他（注明）
1												
2												
3												
4												
5												

B. 土地情况

2.1 耕地（承包地加自留地）	面积（亩）（露地种植）	其中		大棚		温室	
		水浇地（亩）	旱地（亩）	个	亩	个	亩

2.2 除耕地以外的其他土地	面积（亩）	其中							备注
		林地（亩）	苗圃（亩）	花卉（亩）	药材（亩）	草地（亩）	果园（亩）	鱼塘（亩）	

2.3 2004年和2005年有没有租出你家田地？	1 有 2 没有	
2.4 如果有，别人经营你家多少田地？	亩	
2.5 租金多少（如实物，折成钱）？	元	
2.6 2004年和2005年你家经营别人家的田地吗？	1 有 2 没有	
2.7 如果有，你家耕种别人多少田地？	亩	
2.8 租金多少（如实物，折成钱）？	元	

C. 家庭收入主要来源

产业	种植业					养殖业					非农产业						备注
	粮食	蔬菜	西瓜	甘薯	果树	牛	猪	鸡	鸭	羊	旅游业	运输业	商业	建筑业	服务业	出租房屋	
%																	

D. 家庭种植业收入

D1 你家2005年的收成是（ ）1 好 2 正常 3 差

D2 种植业和林果业收入

作物/产品（代码1）	播种面积（亩）	亩产	总产量（千克）	销售量（千克）	销售价格（元/千克）	毛收入（元/亩）	投入总成本（元/亩）	纯收入本（元/亩）	销售途径：1 订单 2 市场 3 上门收购 4 合作组织 5 其他	自用（千克）

代码：1 小麦 2 玉米 3 水稻 4 大豆 5 土豆 6 红薯 7 小米 8 蚕豆 9 高粱 10 荞麦 11 绿豆 12 豌豆 13 红豆 14 花生 15 桃 16 苹果 17 梨 18 核桃 19 板栗 20 红枣 21 草类 22 苗木 23 药材 24 其他（注明）

D3 蔬菜生产收入

栽培方式	种类	面积（亩）	亩产（千克）	总产量（千克）	销售价格（元/千克）	毛收入（元/亩）	投入总成本（元/亩）	纯收入（元/亩）	销售途径：1 订单 2 市场 3 上门收购 4 合作组织 5 其他
露地瓜果蔬菜									
设施瓜果蔬菜									

注：①露地蔬菜指大田种植的蔬菜，如大白菜、黄瓜、西红柿、西瓜等；设施蔬菜指日光温室、塑料大棚或小拱棚等设施下种植的蔬菜。②投入总成本指生产全过程中投入的肥料、农药、种子、水电等。

D4　苗圃花卉收入

种类	品种	面积（亩）	年生产数量（株）	年销售量（株）	单价	毛收入（元/亩）	投入总成本（元/亩）	纯收入（元/亩）	备注
苗木									
花卉									

D5　旅游业（民俗、观光）收入

序号	类型	年接待人数	门票收入	采摘数量（千克/年）	价格（元/千克）	毛收入（元/天）	总毛收入（元）	投入成本（元/年）	纯收入（元/年）	备注

D6 种植业和林果业生产成本

作物/产品(代码)		1种子(种苗)			2肥料(代码)			3农药				4其他生产资料		5雇工费	6灌溉费	7机耕费	8其他
		购买	自制	其他				除草剂	杀虫剂	杀菌剂	其他	塑料薄膜	塑料地膜				
	数量																
	金额																
	数量																
	金额																
	数量																
	金额																
	数量																
	金额																
采购途径代码																	

作物及果树代码：1 小麦 2 玉米 3 水稻 4 大豆 5 土豆 6 红薯 7 小米 8 蚕豆 9 高粱 10 荞麦 11 绿豆 12 豌豆 13 红豆 14 花生 15 西瓜 16 露地蔬菜 17 设施蔬菜 18 桃 19 苹果 20 梨 21 核桃 22 板栗 23 红枣 24 草类 25 苗木 26 药材 27 其他（注明）

肥料代码：1 尿素 2 二胺 3 碳铵 4 硫铵 5 普钙 6 钾肥 7 复合肥 8 农家肥 9 叶面肥 10 其他

采购途径代码：1 个体商店 2 农技推广机构 3 农资市场 4 公司企业 5 其他

E. 家庭养殖业收入

E1 牲畜平衡表

		猪(头)	奶牛(头)	肉牛(头)	羊(头)	鸡(只)	鸭(只)	鹅(只)	其他
2005年初	存栏								
2005年增加	购买								
	新生								
	赠送								
	其他（注明）								

（续）

		猪（头）	奶牛（头）	肉牛（头）	羊（头）	鸡（只）	鸭（只）	鹅（只）	其他
2005 年减少	销售								
	死亡，丢失，偷窃								
	为了吃，自己食用								
	送礼								
	其他（注明）								
2005 年底	畜禽存栏总量								

注：如果自己宰杀的畜禽主产品，50％以上出售了，整头（只）畜禽统计为销售；主产品50％以上自食，统计为食用。

E2　养殖业产品收入

畜产品名称	单位	销售数量	平均价（元/千克、头、只）	金额（元）
1　羊毛	千克			
2　羊绒	千克			
3　兔毛	千克			
4　牛奶	千克			
5　鸡蛋	千克			
6　鸭蛋	千克			
7　鹅蛋	千克			
8　水产品	千克			
9　猪	头			
10　肉牛	头			
11　奶牛	头			
12　肉羊	头			
13　鸡	头			
14　鸭	只			
15　鹅	只			

E3 养殖业费用

费用	数量（千克）	金额（元）	来源
1 饲料			
其中：玉米			
麸皮			
饼粕			
青贮			
苜蓿			
干草			
其他（注明）			
2 种苗			
3 医药费			
4 水电暖费			
5 设备费			
6 固定资产折旧			
7 其他（注明）			

F. 挣工资情况

个人编码	做什么工作	全年工作时间	住在哪里	工作地点	能否及时拿到工资	如果否，今年应付工资中还欠你多少钱？	拿到手的总现金收入（工资、奖金、补贴等）	全年实物报酬折钱
	1 乡村干部 2 教师 3 退休 4 其他（注明）	天	1 外面 2 家里 3 外面和家里	1 本村 2 本乡 3 本县 4 本省 5 外省	1 是 2 否	元	元/年	元

注：挣工资情况指退休和全年内就业时间≥10天或有长期固定职业的人的所有工资收入，一个成员可填多项。

G. 私营/非农活动

G1　私营/非农活动类型

活动类型	代码1：1 教育 2 医疗 3 餐饮 4 运输业 5 采矿业 6 服装加工业 7 个体商业 8 个体加工业 9 兽医 10 建筑 11 其他（注明）					
主要活动地点	1 本村 2 本乡 3 本县 4 本省 5 外省					
参加活动成员编码	家庭成员基本情况表中的成员					
收入	经营总收入（元）					
成本	经营总成本					
成本分解	租用设备，交通工具，机器，土地，厂房等					
	原材料、半成品					
	工资或其他酬劳					
	保养和维修费用					
	运输费用					
	水费、电费、燃料					
	保险费					
	利息和其他贷款费用					
	礼仪费					
	罚没款					
	灾害损失					
	交税、其他摊派款					
	工商管理费、执照费、年检费和上交管理费等					
	其他花费（请列明）					
税后净收入	元					

G2 私营/非农活动所使用的固定资产

房产和固定资产名称	购买时间		购买价值	可使用年限
代码2：1 运输工具 2 加工工具 3 农机具 4 房产 5 其他	年	月	（元）	（年）

H. 打工情况
H1 收入

个人编码（参考表1)	在外打工时间（月/年)	打工地点 1 本村 2 本乡 3 本县 4 本省 5 外省	工作种类 1 建筑 2 餐饮 3 经商 4 娱乐 5 运输 6 短期工 7 其他(注明)	工资（元/月）	能否及时拿到工资	如果否，今年应付工资中还欠你多少钱?	拿到手的总现金收入（工资、奖金、补贴等）	全年实物报酬折钱	备注
					1 是 2 否	元	元/年	元	

H2 支出

个人编码（参考家庭成员基本情况表）	住宿（元/月）	吃饭（元/月）	交通			其他（注明）		
			上班（元/月）	回家往返				
				次数/年	花费/次			

I. 借贷

如果你需用钱的时候你首先考虑怎么解决？	1 借　2 不借
如果借，借款来源排序（可多选）	代码1
最近2年内你去农行和信用社借过钱吗？	1 借过　2 没有

如果借过，请回答下列问题：

借钱次数统计		第1次	第2次	第3次	第4次	第5次	第6次
何时借的	月/年						
以谁的名义借的	1 男户主　2 女主人　3 其他						
借款数量	元						
借款来源	代码1						
利息率	厘/月						
期限（没有期限不填）	月						
用途	代码2：1 买化肥　2 买其他种植业投入品　3 畜牧业　4 林业　5 小生意或其他私营活动　6 外出打工　7 买粮食或其他日用品　8 建房子　9 红白喜事　10 孩子上学　11 看病　12 还其他贷款　13 其他（注明）						

（续）

借钱次数统计		第1次	第2次	第3次	第4次	第5次	第6次
目前有多少没还（不包括利息）?	元						
是否要了抵押?	1 是 2 否						
要了什么抵押?	代码3：抵押类型代码： 1 在贷款银行的存款 2 其他银行的存款 3 土地 4 牲畜 5 房屋 6 其他家庭财产 7 他人存折 8 其他（注明）						
如不要抵押，是否要担保?	1 是 2 否						
为借这笔钱，你跑过几趟?	次						
平均每趟花多长时间?	分钟						
共花了多少交通费?	元						
其他各项花费（送礼等）	元						

J. 其他收入和支出

J1 其他收入

收 入	单 位	2005 年	备 注
赡养费	元		
救济粮/补助粮	千克		
救济粮折款	元		
救济（灾）款	元		
民间捐赠款或物	元		
村集体补助	元		
抚恤金	元		
养老金	元		
房租	元		
农业保险补助	元		
退耕补贴粮	千克		
退耕补贴粮折款	元		
退耕补贴金额	元		
其他	元		

J2 其他支出

支　　　出	单位	2004 年	备　　注
农业保险金	元		
送礼	元		（送给家庭外成员，如：已分家的父母、子女或兄弟及亲戚朋友、村民等的物和钱）
民间捐出款或物	元		
以钱抵工事项	元		
各种费合计	元		
各种罚款	元		
其他生产性支出	元		

K. 家庭消费，购买日用品和服务支出

你家在 2005 年一年的消费，包括购买日用品和服务支出。

	种　　类	元
1	全年总支出	
2	饮食（包括主食、副食、水果等）	
3	衣服	
4	日用品	
5	交通	
6	医疗（合作医疗费）	
7	给老人的赡养费	
8	小孩零花钱	
9	各种交通工具维修及配件费用	
10	家用电器维修	
11	邮电、通讯费	
12	房租	
13	住房装修和装饰费（包括家具、装修材料费和人工费等）	
14	水电费	
15	燃料费（包括煤炭、煤制品、柴草、木炭、液化气等）	

（续）

	种　类	元
16	文教娱乐费（包括玩具 、书报杂志、纸张文具、其他文娱用品、技术培训费、文娱费、文娱用品等）	
17	所有学杂费（家庭成员）	
18	医疗保险费	

L. 拥有农业生产性固定资产数量

	名称	单位	数量	编码	名称	单位	数量
1	大棚	亩		12	抽水机	台	
2	温室	亩		13	电动机	台	
3	牛舍	平方米		14	柴油机	台	
4	猪舍	平方米		15	其他农具	台	
5	鸡舍	平方米		16	饲料粉碎机	台	
6	摩托车	辆		17	加工机械		
7	汽车	辆		18	其他机械		
8	拖拉机	台					
9	机引农具	件					
10	播种机	台					
11	收获机	台					

M. 家庭住房情况

问　题	答案	备　注
2005 年你家住房面积是多少平方米？		
你家主体房屋结构是什么？		1 土木　2 砖木　3 钢筋混凝土
你家房屋是哪一年建的？		4 茅草房　5 其他
你家建房时的投资是多少？		

N. 社会性别

N1 生产、生活以及社会活动

问　题	1 家务	2 地里农活	3 村里开会	4 赶集	5 购买生产资料	6 出售农副产品
在生产、生活以及社会活动中家庭中的男人主要做哪些事情？						
在生产、生活以及社会活动中家庭中的女人主要做哪些事情？						

问　题	7 贷款	8 送孩子上学	9 开家长会	10 参加婚礼	11 参加集体培训活动	备注
在生产、生活以及社会活动中家庭中的男人主要做哪些事情？						
在生产、生活以及社会活动中家庭中的女人主要做哪些事情？						

N2 家庭决策

问　题	答案	备　注
家里一般谁管钱？		1 男主人　2 女主人　3 男女一起商量　4. 其他（请注明）
花钱的决定一般由谁作出？		1 男主人　2 女主人　3 男女一起商量　4 其他（请注明）
什么事情由男主人决定？		参考家庭决策代码
什么事情由女主人决定？		参考家庭决策代码
什么事情由男女主人商量决定？		参考家庭决策代码
你认为家庭中的生产和生活决定应该由谁说了算？		1 男主人　2 女主人　3 男女一起商量　4 其他（请注明）
为什么？		

　　家庭决策代码：1 购买大件　2 盖房或装修　3 销售农产品　4 购买生产资料　5 购买生活日用品　6 购买衣服　7 子女教育　8 赡养老人　9 种植　10 养殖　11 经营活动

O. 农村教育与培训

问　题	答案	备　注
你家有失学/辍学儿童吗？		1　男性　2　女性　3　男性和女性　4　无人
为什么？		
你家最近5年谁参与过乡村或其他项目组织的培训活动？		1　男性　2　女性　3　男性和女性　4　无人
如果参加过，主要是什么培训？		
你家最近半年谁参与过乡村或其他项目组织的培训活动？		1　男性　2　女性　3　男性和女性　4　无人
如果参加过，主要是什么培训？		
你认为参加过的培训有用吗？		
为什么？		
如果有可能，你想参加哪些培训？		
为什么？		

P. 信息需求与服务

	问　题	答案	备　注
1	你家最近一年是否使用过新的农作物和家畜品种？		1　是　2　否
	如果是，请问从哪儿获得新品种的信息？		1　乡村干部　2　项目培训　3　电视　4　报纸　5　互联网　6　亲戚朋友　7　其他（请注明）
2	你家最近一年是否使用过新的作物栽培或家畜饲养技术？		1　是　2　否
	如果是，请问从哪儿获得新品种的信息？		1　乡村干部　2　项目培训　3　电视　4　报纸　5　互联网　6　亲戚朋友　7　其他（请注明）
3	当前您最需要什么信息？		1　农业新品种信息　2　农业新技术　3　农产品市场信息　4　其他
	当你需要农业信息时，会首先想到哪些渠道？		1　农技推广站　2　互联网　3　电视　4　报纸　5　亲戚朋友　6　其他
4	你家是否参加了任何民间组织（农民专业技术合作组织）？		1　是　2　否

（续）

	问　　题	答案	备　　注
	为什么？		
	对所参加的组织的评论意见		
5	你家最近半年有无找过有关政府部门或私人机构帮助解决生产生活问题？		1　有　2　无
	如有过，找的是哪类部门？		1　民政部门　2　土地部门　3　技术服务站 4　乡镇领导　5　其他（请注明）
6	当你遇到生产问题时，愿意与谁讨论？		1　政府干部　2家里人　3　邻居　4　朋友 5　亲戚　6　示范户　7　看书　8　上网 9　其他
	为什么？		
7	当你遇到生活问题时，愿意与谁讨论？		1　政府干部　2　家里人　3　邻居　4　朋友 5　亲戚　6　示范户　7　看书　8　上网 9　其他
	为什么？		

Q. 目前最关心的事情和最需要解决的问题

最关心的事情	最需要解决的问题	建　议

R. 对乡镇农业技术推广单位的反馈意见

问　题	答案	备　注
1. 您的家庭从事的主要农业生产是:		A. 粮食　B. 蔬菜　C. 畜牧　D. 水产　E. 果树　F. 农产品加工　G. 民俗旅游
2. 您的家庭收入主要来源是:		A. 粮食　B. 蔬菜　C. 畜牧　D. 水产　E. 果树　F. 副业（如外出打工、乡镇或村办企业等）
3. 您认为对农民开展生产技术服务最多的部门有哪些?		A. 乡镇农技站　B. 县农技站　C. 村合作社或协会　D. 乡镇合作社或协会　E. 村办农业企业　F. 乡镇农业企业　G. 其他
4. 您对县镇农业站（农技、兽医防疫站或其他技术服务站）提供的技术服务是否满意?		A. 满意　B. 基本满意　C. 不满意　D. 不了解
5. 您到乡镇农业站（农技站、兽医防疫站或其他技术服务站）去办事，农技人员的态度如何?		A. 马上给办，效率很高　B. 推几天也给办了　C. 不给好处不办事　D. 互相推，谁也不管
6. 您所在乡（镇）农业站推广农业技术及时、适用吗?		A. 很及时，也很适用　B. 新技术推广很少　C. 推广的新技术不适用　D. 农业新技术引用都靠自己，乡里从来不管
7. 农业技术推广人员在您心目中的信义度怎么样?　　区县农业技术推广人员:　　乡镇农业技术推广人员:		A. 高　B. 一般　C. 差　D. 很差　A. 高　B. 一般　C. 差　D. 很差
8. 乡镇或村技术员经常入户指导生产技术吗?		A. 经常来　B. 有时候来　C. 很少见　D. 他们也不太懂，来也没用
9. 您目前使用的农业实用技术最主要来源是?		A. 市县乡镇农业站（农技站、兽医防疫站及其他技术推广服务站）提供　B. 村镇农民服务组织提供　C. 亲戚朋友或邻居之间相互学习　D. 农业大专院校、科研机构　E. 自己摸索　F. 电视广播　G. 各类企业　H. 其他

（续）

问　　题	答案	备　　注
如果选 A，则主要来源于：		A. 市级农业技术推广机构　B. 区县农业技术推广机构　C. 乡镇农业技术推广机构
10. 目前，您主要通过拿种途径获得技术培训？		A. 现场观摩　B. 专家讲课　C. 远程教育　D. 科技赶集　E. 技术人员到户传授　F. 示范户传授　G. 其他
11. 当生产遇到技术难题时，您最先想到的是？		A. 乡村技术人员　B. 乡镇以上技术人员　C. 亲戚、朋友　D. 自己克服　E. 其他
12. 当您购买或使用的农业物资出现问题时，合法权益受到侵犯时，您会怎么办？		A. 找区县、或乡镇农业执法人员　B. 找乡村干部帮助解决　C. 找法院起诉　D. 请亲戚朋友帮忙　E. 其他

三、求贤村社会主义新农村建设农民需求调研报告

1 调研背景与目的

大兴区榆垡镇求贤村是 2007 年全市新农村建设重点示范村，是市委、市政府确定的 2008 年农口系统新农村建设市农业局重点联系村。该项工作由赵根武局长总牵头，沙松平副局长总负责，局科教处和办公室负责组织协调，各有关业务处、站参加对口帮扶工作。为全面掌握该村新农村建设的整体发展现状，摸清农民在新农村建设中的生产、生活以及科技服务需求，为制定具体帮扶方案提供科学依据，于 2008 年 8 月 14 日组织开展了本次调研。

2 调研方法与过程

调研人员：本次调研由科教处组织，科教处吴建繁处长、尹光红副处长和张晓晟博士等负责调研二手资料的收集和调研方案的制订，以及调研前的准备和调研过程的组织实施。局办公室李文海主任、机关党委梁玉文副书记、局蔬菜处张立新、市推广站王永泉副站长、市畜牧兽医总站陈余副站长、技术推广科科长魏荣贵、市植保站培训科科长肖长坤等参加了全程调研。大兴区农委汪学才副主任，科技科安虹、裴昕以及榆垡镇政府王自峰副镇长等参与了调研。本次调研特别邀请了中国农业大学王德海教授指导并主持部分调研。

调研方法与过程：本次调研采用农村参与式评估方法。在进村调研前，分别向大兴区农委、经管站、榆垡镇农办收集该村基本情况，局能源生态处、粮经管理处、蔬菜管理处提供了求贤村产业发展的相关资料。在收集二手资料的基础上，制定了详细的调研访谈提纲。由于求贤村蔬菜种植是主导产业，访谈农民选择以蔬菜种植户为主。为详细了解农民对村基础设施建设、主导产业发展、生产技术水平和培训等方面情况，将访谈农民分成三组。4 名村干部组（第一组），由王德海教授主持访谈、尹光红副处长协助；19 名农民分成两组，其中一组（第二组）由魏荣贵科长主持访谈、张晓晟协助，另一组（第三组）由肖长坤科长主持访谈、吴建繁处长协助，其他调研人员分散在三个小组中。访谈采用了半结构访谈、头脑风暴、问题收集、打分排序、机构联系图等工具。村农民访谈半天，三个调研小组利用半天时间共同交流讨论并分析调研结果，以小组为单位分别撰写小组调研报告，在此基础上形成调研总报告。

3　调研结果发现与问题分析

3.1　调研农户基本信息

本次访谈农民共 24 名，在村里有较好的代表性。从身份上看，有 4 名村干部（男性）、19 名有当地户口的农民；从性别上看，17 名男性、3 名女性，可见该村劳动力以男性为主；从年龄结构上看，平均年龄 48 岁，50 岁以上的农民占 37%；均为来自不同家庭的主要劳动力；从劳动力结构上看，有 18 户农民均从事蔬菜种植，占受访农户的 90%，符合该村主导产业特点；从收入结构上看，18 户农民收入全部来自于种植业，1 户农民收入靠发展养殖，1 户农民兼营小商品和农资零售。

3.2　调研村庄基本概况

求贤村位于镇政府偏西南、芦求路与榆垡路交汇处，距镇政府 2 公里。是镇域总规划中心村之一，辖区总面积 5 731 亩，其中村庄占地 738 亩。种植业是该村主导产业，现有耕地 3 652 亩，其中农业设施占地 1 300 亩，包括竹架大棚 830 个、日光温室 150 个。露地作物占地 1 000 亩左右。其他非农产业比较薄弱，其中二产以来料加工、小型化工为主，三产以个体运输、外出务工为主，基本没有形成二、三产业体系。该村现有农户 580 户，常住人口 1 790 人，其中农村劳动力 1 000 人以上，非农业人口 200 人左右。2007 年村民人均纯收入 8 590 元，比 2007 年大兴区农民人均纯收入（9 079 元）略低，也低于榆垡镇周边临近村。从收入来源上看，一产约占 65%，二产占 10% 左右，三产占 25% 左右。二产内部，来料加工、小型化工业业各占 50% 左右。三产内部，上班收入占 50% 左右，运输、打工收入各占 25% 左右，上班工资性收入平均 700～800 元/月，与从事设施农业相比，年收入差距不大，甚至不如务农收入。

3.3　新农村基础建设与问题分析

2007 年初该村成为市级新农村建设示范村以来，各级政府累计投入资金 1 500 万元左右。

（1）主要完成的基础设施建设。

①修建公路 59 561 米。

②铺设给水管线 22 000 米、排水管线 38 169 米；实施自来水改造工程，农民深水井安全用水率 100%。

③村庄安装太阳能路灯 232 盏；户装太阳能热水器 553 台、户建节能吊炕 386 铺，热水器、吊炕安装率分别达到 90%、80%左右。

④村里建成 1 座太阳能洗浴中心，主要为解决村民冬天太阳能热水器温度偏低问题。

⑤户厕改造 550 户，改造率 100%；村里建成了 1 座公共厕所。

⑥建成入村环岛标志 1 处，开展环村林、村庄道路绿化、公共绿地建设。

⑦建成 1 个 600 多平方米的文化活动中心，1 座 900 多平方米的礼堂和附属近 2 000 平方米的文化广场。

⑧建成 1 个村邮站、1 个信息化数字家园。

（2）农民满意度评价与问题分析。村干部和受访农民对新农村基础设施建设满意度评价略有差异。村干部一般从强化村容村貌、全村受益面广的公共设施方面评价满意度，而村民多从方便、实用方面评价满意度。

村干部组对修建公路、安装太阳能路灯、改造村自来水和污水管道三个项目满意程度最高，对节能吊炕、改厕、太阳能浴室和洗浴中心等工程满意程度一般，对村庄绿化、文化中心（礼堂、广场）、数字家园三个项目满意程度最低。

村民二组对厕所改建、吊炕、卫生服务站、新建剧场（小剧团及锣鼓队）四个项目满意程度最高，对村网络室、太阳能浴室、图书室三个项目满意程度最低。

村民三组对村邮站、绿化植树、新建剧场三个项目满意程度最高，对社区医疗服务站、健身器材及球场、文化中心三个项目满意程度最低。

以上可见，农民最关注方便生活、改善环境、提高身心健康的基础设施建设，村干部最关注改善村整体面貌和环境的工程。

在访谈中农民反映最强烈、也是最迫切需要解决的基础设施方面问题有 5 个：一是迫切需要修建温室田间道路，现在田间道路均为土路，下雨田间道路泥泞不堪，人和车辆不能进地，影响生产管理和商贩进地收购农产品，影响农产品及时销售和农民收入。二是滴灌及相关设备不配套，现有滴灌系统集中统一泵水给水，统一记录耗电，电费平均摊给各户，导致农户用水灌溉不均等但电费却均摊，村民认为现有滴灌费水费电，不如用自家电表地下水漫灌方便。此外滴灌管出水孔间距多为 50 厘米，与栽培作物间距不符（一般为 20～30 厘米），导致每株作物不能均匀获得有效供水，影响作物正常生长。因此，几百亩的保护地安装滴灌后基本处于闲置状态，农民根本无法使用。三是农机器具方面，主要是大型农机价格太贵，个人买不起，租用费用比较高，而政府补贴的机具买不到。四是迫切需要建设村沼气工程或生物质气化工程，降低农民现有燃煤和液化气使用成本，农民反映每月用液化气仅做饭就要 100 多元，太贵了。五是加快村民旧房改造或翻盖，村里还有约 1/3 的农户仍在 20 世纪七八十年代的旧房或危房居住，由于缺少积累无力翻盖，希望政府能给予帮助。

3.4　新农村生产发展

生产发展是新农村建设的基础。本次调查中，调查组重点调查了求贤村主导产业的有关情况，并进行了评估。

3.4.1　种植业基本结构和收益分析

设施蔬菜种植是求贤村的主要产业，占到大农业生产份额的 90%，目前以竹架大棚和温室为主，其中大棚约占设施栽培面积的 80%、温室约20%。从种植蔬菜种类上看，参加调研的农民均以种植番茄为主，占到整个设施蔬菜种植的 70% 左右，包括大棚和温室。倒换茬口的时候适当种植少量西瓜、茄子、黄瓜、芹菜、豆角等。温室栽培以番茄和黄瓜为主，芹菜、豆角等以大棚栽培为主。

产量不高是蔬菜种植收益不高的重要原因。农民反映温室和大棚产量水平差异不大，区别主要在生产、供应季节和价格水平上。以 2007 年番茄生产为例，大棚和温室亩产都在 5 000 千克左右，但大棚番茄的平均价格为每千克 0.6 元左右，温室番茄则可达到每千克 1.2 元，扣除温室多投入的每亩1 000 元，温室番茄的生产效益仍然比大棚每亩多收入 2 000 元。

产品缺乏竞争力，增产不增收是收益不高的另一个重要原因。与村干部共同分析，造成产品竞争力差的原因主要有三个：一是大路产品多，反季节精品少，收购价格较低；二是竹架大棚设施档次低，秋冬季节生产受限；三是生产方式落后。村里没有组建任何农民合作经济组织，也没有龙头企业带动，村民生产产品无订单，无稳定销售渠道，村边地头商贩收购占到村里农产品销售量的 40% 左右，其他 60% 基本上也以一家一户跑市场（新发地、沙窝）为主，单打独斗弱势特征明显。

3.4.2 主要作物种植生产现状与分析

按照农户种植规模和在家庭经济收入中所占比重，对主要作物种类番茄、西甜瓜和芹菜的技术选择和应用状况进行了调研与分析，主要对品种、育苗、栽培管理、病虫害防治、施肥和灌溉等重点技术环节进行了讨论分析。

（1）番茄种植技术现状与分析。栽培品种随意性大，缺少主导和优势品种是求贤村在设施番茄品种选择上的突出问题。以 2007 年番茄种植为例，参加访谈的农民没有几家品种是相同的。农民选择栽培品种的依据主要是根据经验和亲戚、朋友介绍，种子来源渠道比较分散，难以形成规模优势，销售价格容易被商贩控制而影响收入。

在育苗环节上，当地农民均是购买种子后自己育苗，由于技术水平不高，许多应该在育苗期间应该采取的防治措施都没有采用，是造成后期疫病难以控制的原因之一。

病虫害是影响番茄生长和产量形成的最显著的原因，也是调研农民最关心的问题。尤其是在农药使用上，一方面，农民难以判断农药的真假；另一方面，由于不能深入了解农药的特性和使用方法，用药技术上有很大缺陷。农民反映，都是叶片发黄，但有的是从上往下黄，有的是从下往上黄，用同一种药不起作用，结果就是农民只好频繁更换农药品种，不断加大使用剂量，用药的次数偏多。有害生物防治方面轻防重治，农产品质量安全难以保证。

农户都不清楚土壤的肥力，也没有参加过测土配方施肥，在灌溉施肥方面，农户主要依靠自己的经验进行。大部分农户在番茄生长期都是每 7～10 天漫灌一次水，每亩大约需要 1 小时，耗电 8～9 千瓦时，随水冲施复合肥每亩 20 千克左右，定植前每亩基施有机肥 4 立方米、复合肥 100 千克。从技术上分析，农民的施肥和灌溉措施都不尽合理，过多的肥水投入不仅容易造成病害发生，而且还浪费了资源，降低了效益，对环境带来潜在的危险。但由于灌溉、施肥处理措施的效果显现往往需要一段时间，甚至需要进行一定的经济分析才能体现出来，因此，农户满足于自己现有的经验而意识不到存在的问题。

（2）西瓜种植技术现状与分析。西瓜种植技术方面，农民最急需的是育苗技术，他们认为育苗是关键，目前主要是散户育苗，他们缺乏这方面的技术；其次是有害生物识别与防治技术，特别是缺乏蚜虫的防治技术，另外炭疽病发生比较严重，生产上普遍使用常规药剂多菌灵进行防治；最后是栽培管理技术方面，主要是农户坐果灵使用不当，产生畸形果，坐果率低，而且没有掌握西瓜嫁接技术，导致嫁接成活率低。

（3）芹菜种植技术现状与问题分析。由于芹菜生育期短，相对来说问题较少，技术方面农民最不满意的是温湿度管理问题，关键是湿度没法控制，容易造成倒伏。其次是品种和施肥技术，一直沿用老品种，施肥完全凭经验，效果不太好。有害生物防治方面主要是黑斑病，一般用2~3次杀菌剂能够控制。

3.5 主导产业技术分析

调研组对番茄、西甜瓜、芹菜等设施瓜菜品种，进行了技术应用状况分析。主要目的是帮助提出在品种、育苗、栽培管理、病虫害防治、肥水管理等关键技术环节的问题，为开展技术帮扶提供一些依据。

（1）番茄。

品种：农户用种随意性大，缺少主导优势品种。根据调查，2007年农户种植的番茄品种没有几家相同，主要原因是种子来源渠道分散，农民选择品种主要根据经验或亲戚、朋友介绍。

育苗：以农户购种后自己分散育苗方式为主，易造成后期病害。主要原因是集中育苗技术要求高，农户技术操作有困难。

病虫害：农药使用上存在严重问题。一是农户难以判断农药真假；二是用药技术存在较大缺陷，包括轻防重治，不了解农药特性和使用方法造成滥用和加大剂量等。

土壤：大水大肥现象比较普遍。据调查，大部分农户番茄生长期都是每7~10天漫灌一次水，每亩大约需要1小时，耗电8~9千瓦时，随水冲施复合肥每亩20千克左右。定植前每亩基施有机肥4立方米、复合肥100千克。造成大水大肥的主要原因一是农户不清楚肥力状况；二是依靠经验，不重视科学施肥；三是节水意识差，认为节不节水和自己关系不大。

（2）西瓜。

育苗：目前以散户育苗为主，农民最急需西瓜育苗相关技术。

病虫害：农户普遍关心有害生物的识别与防治技术，特别是蚜虫和炭疽病防治技术等。

栽培技术：农户需要西瓜嫁接、坐果等技术，解决嫁接成活率低和因坐果灵使用不当产生畸形果、坐果率低等问题。

（3）芹菜。

湿度：重点需要解决人工控制湿度技术，切实减少倒伏问题。

品种和施肥：解决沿用老品种和经验施肥问题，提高生产水平。

病虫害：帮助解决黑斑病防治等问题。

3.6 农民培训

（1）村民与社会机构联系状况。本次调研中，3 个调研组分别引导村干部和农民绘制了机构联系图，力求得出农民与社会机构联系获取资源情况，同时也试图了解社会机构与农民联系情况或联系切程度。

从村干部组反映情况看：与村里联系比较密切的镇政府机构中，主要有镇经管站、民政科、科技站和菜办，这些机构主要为村里提供经济账目、生老病死、婚丧嫁娶、农业技术服务的相关管理与技术支持；区政府机构与村庄直接联系不多，但新农村建设规划、农业科技示范点建设、"百村百名"农村技术员培养等已直接惠及到村庄和部分村民。

从农民组反映的情况看：与农民联系最紧密的共有 10 类机构，其中只有镇政府科技站、镇蔬菜办两家机构属于政府公益性推广机构；在主动联系农民机构中，除科技站外，其余多为销售农资和产品的经营单位或个体经销商贩；在农民主动联系的机构中，除少数农户向科技站进行过技术咨询外，联系动机多为购买农资产品。另外，村里河北梆子等戏曲活动比较活跃，曾主动联系有关部门进行学唱辅导。

（2）关于农民培训工作。与以硬化、绿化、美化、净化、亮化为标志的村庄道路交通、医疗卫生、文化体育等硬件条件相比，农民培训工作严重滞后，成为新农村建设的"短板"。农民培训的主要问题是：①培训次数少。据调查反映，村民 1 年内平均接受各种（包括农业和非农业）培训的次数最多 3 次。②培训地点远。就近在本村开展的培训几乎没有。③培训覆盖面有限。村里接受过培训农户平均不超过 3 人，且轮训时间长。如该村 3 名番茄种植示范户，最近的科技培训是在五六年前。④培训与需求结合不紧密。据农户反映，镇科技站组织的培训主要以生资购买和技术咨询为主。另外，镇政府组织的设施大棚、番茄种植方面的培训，农户反映生产上用不上。至于农民所需要的市场信息没有可靠渠道，主要从生产资料销售店或商贩处获得，信息可靠性、时效性都无法保证。⑤农民怕风险。村干部组的调查显示，由于当地农户比较保守，对草莓、小番茄等优新作物和蔬菜新品种不愿尝试，怕担风险，培训解决不了技术风险问题，也影响到培训效果。

4 结论与建议

4.1 结论

（1）通过对新农村基础建设与问题的讨论，了解了农民的需求；通过倾听农民对问题的分析发现，农民对新农村建设所开展的多数活动表示满意。对于新农村建设所开展的活动而言，村干部和受访农民对新农村基础设施建设满意度评价略有差异。村干部一般从强化村容村貌、全村受益面广的公共设施方面评价满意度，而村民多从方便、实用方面评价满意度。农民最关注方便生活、改善环境、提高身心健康的基础设施建设。村干部最关注改善村整体面貌和环境的工程。由此得出的结论是，如果想全面了解农村现状和问题，不能只听干部的汇报，也还需要了解普通村民的看法和意见。

（2）通过对求贤村主导产业的调查发现，整体看求贤村主导产业（设施蔬菜）生产发展水平不高，发展设施农业还有较大潜力。

（3）通过对求贤村主导产业的技术分析和农民培训现状分析发现，对番茄、西甜瓜、芹菜等设施瓜菜品种在品种、育苗、栽培管理、病虫害防治、肥水管理等关键技术环节的问题有了比较具体的了解，为开展技术帮扶提供一些依据。在科技服务方面，政府公益性推广机构与农民联系还不够紧密；与以硬化、绿化、美化、净化、亮化为标志的村庄道路交通、医疗卫生、文化体育等硬件条件相比，农民培训工作严重滞后，成为新农村建设的"短板"。

4.2 建议

4.2.1 用足用好设施农业产业扶持政策

求贤村产业、产品特征十分突出，以设施蔬菜为中心、以番茄为主栽品种，已成为带动当地劳动力就业和增加农民收入的主要渠道，广大农户对发展设施农业需求强烈。据本次调查，村里将动工拆除 1 000 亩竹架大棚，实施 500 栋日光温室和 500 个钢架大棚的改建工程，建设投入预计在 5 800 万元左右，村民自筹比重预计在 10% 左右，需要各级政府投入 5 300 万元左右。据调查，目前大兴区政府实施的设施农业补贴政策可解决其中一部分建设投入，但还有相当一部分资金没有解决渠道。建议由局蔬菜处牵头，成立求贤村设施农业对口帮扶联系小组，围绕求贤村设施农业规模情况和设施分布地域，认真研究用足用好市里相关扶持政策，帮助争取"百村万户一户一棚援助型设施农业工程"项目及其他相关扶持政策。通过政府扶持，把该村发展为郊区设施农业重点示范区，保证改建工程顺利完工。

4.2.2　集成局优势资源，大力推广先进技术

本次调研基本摸清了求贤村主导产业存在的四类突出问题，即新品种、新技术、新材料的引进，农业高效安全种植技术，耕地质量提升技术和清洁能源（沼气）推广。调研组认为，以上技术问题的解决，直接关系当前生产发展和农民致富，是新农村建设深入、持久发展的基本动力。要解决好上述问题，一是集成局系统优势人力资源，组织推广、植保、土肥等专业领域骨干专家，带着项目进村入户开展技术需求对接，帮助农民解决当前生产中最急需解决、见效最快的技术问题；二是发挥好农业科技相关政策性扶持和奖励，使更多农户享受科技惠农，如生物肥补贴、农药空瓶回收、农资综合补贴、旱作玉米品种补贴和免费适用抗旱剂等；三是通过科技入户项目培育科技示范户，提高其技术传播和示范能力。以上工作建议由局蔬菜处、粮经处分别牵头组织。蔬菜处负责统筹组织村里设施蔬菜品种、育苗、植保等重点技术，帮助大力发展高档蔬菜，推广标准化技术等。粮经处重点负责组织测土配方施肥、农业综合节水等配套技术，逐步提高求贤村农业综合生产能力。

4.2.3　以农民田间学校为载体大力培养新型农民

按照"一村一品一校"办学模式，集成市、大兴区两级农民田间学校资金和高级辅导员师资力量，发动乡镇政府和村委会，围绕六个方面建好 1 所番茄农民田间学校：一是提高学员科技意识，率先采用新品种、新技术、新产品；二是提升学员主动意识，学会与部门、机构的联系技巧，学会主动搜寻科技信息；三是畅通技术信息渠道，方便技术部门及时进行技术服务与指导；四是培养农村专业技术能手和乡土专家；五是辐射带动周边 2～3 个村发展设施蔬菜。建议由局科教处牵头，组织协调推进建设工作。

4.2.4 其他建议

（1）加强基础设施建设、养护、管理工作。建设方面，建议着重做好田间道路硬化工作，改善蔬菜收获季节多雨道路泥泞问题。加强滴灌设施改造，切实方便冲施肥施用。养护方面，建议加强对已有设施设备的维护保养和技术培训服务，确保建成的生产和其他方面的设施设备能长期有效地为农民提供生产、生活服务。在管理方面，要提高设施设备管理效率，确保滴灌等建在地头、用到田间。

（2）组建多种形式农民合作组织。影响农民收入的重要原因是优化生产资料供给，延长产中技术服务和产品营销的产业链条。建议在重视生产发展的同时，壮大社会化服务组织建设，建立多元化农业技术服务载体，如农资连锁店、农机服务队、农民专业合作社、加工配送企业等，解决产后销售问题。

5 附录

第一部分：第二小组访谈情况表

一、受访农民基本情况

姓名	年龄	家庭人口	夫妇之外家庭成员	主 业	收入结构
刘国勇	43	4	1儿子1女儿	大棚菜，2冷棚、2温室	菜100％
王秀江	51	5	1老人，2儿子	3冷棚	菜100％
何振江	52	4	1儿子1女儿	1冷棚、1温室	菜100％
杨国成	52	4	1儿子1女儿	3冷棚、1温室	菜75％，小店25％
谷学民	43	6	2老人，1儿子1女儿	3冷棚、1温室	菜100％
贾绍昆	49	5	2老人，1儿子	3冷棚	菜100％
王景臣	48	6	2老人，1儿子1女儿	3冷棚，柴鸡1 500只	菜100％，鸡没赚钱
谷万福	58	6	2儿子，1媳妇，1孙女	1冷棚	菜100％
吴国山	53	4	2女儿	3冷棚	菜100％
何振海	49	4	2儿子	2冷棚、1温室，玉米2亩	菜100％玉米总产1 000斤

二、村基础建设情况

序号	项　　目	有	数量	满意度（打分）	为什么	建　　议
1	道路	10	全村	99	方便	增加田间道路，不需要太好，石子路就可以
2	太阳能灯	10	全村	97	亮，方便	
3	厕所改建	8	大部分	100	卫生好了	
4	太阳能浴室	10	全村	90	方便	
5	吊炕	2	30%	100		
6	戏楼	10	1	100	丰富文化生活	
7	健身场地、器材（篮球场）	10	2	98		
8	卫生服务站	10	1	100		
9	垃圾箱（屋）	10	3	96		
10	网络室	10	1	90		
11	棚	10	全村	100		
12	滴灌	10	全村	10	费电、费水、管理不好	加强管理，多打井，增加电负荷
13	有线电视		全村	100		
14	图书室		1	93		
15	剧团		1	98		
16	锣鼓队	10	1	99	10人中有5人参加	

三、种植业结构

作物种类	栽培方式	面积（全村）	亩产（千克）	亩投入（元）	单价（元/千克）
番茄	冷棚80%		5 000	2 000	0.6
	温室20%		5 000	3 000	1.2

(续)

作物种类	栽培方式	面积（全村）	亩产（千克）	亩投入（元）	单价（元/千克）
黄瓜	冷棚		2 500	1 500	0.6
	温室		2 500	1 500	0.6
豆角	冷棚		500	赚500元	
茄子	冷棚		3 000		1.0

四、主要作物技术选择与分析

类别	名称	来源	建议
品种	958、鑫雨、东圣、金鹏、202、硬粉8、硬粉10	榆垡镇上和村子个体销售点	
育苗	买品种后自己繁育		
栽培管理	看说明		
病虫害防治	打药	经销商（商户自己看书）	黄叶：有从上到下黄，还有从下往上黄；疫病：急需解决；懂技术的人少
施肥	有机肥，每亩4立方米，冲施肥基施100千克，每周施肥1次，冲施20千克；有4人用叶面肥	自身经验	
灌溉	7~10天浇一水，漫灌，每个棚需1小时，耗费8~9千瓦时		

五、农资购销

种类	购买渠道	方便程度	质量	问题	建议
化肥	村小店	方便	真假难辨，不知道管不管事	不确定是用法和用量的问题还是农药和化肥的质量问题	设一点，只要是真药、真肥，贵一点没关系；有技术人员指导，对症下药
农药	村小店	方便	打不死虫子，但也难确定真假		
农机	2户	租用为主			

六、产品销售

种类	购买渠道	方便程度	价格差异	问题	问题	建议
番茄	沙窝市场，小贩	方便	不大	有时不好卖	市场多，价低不好卖，信息不畅	增加市场信息，没办法控制，没有合作组织

第二部分：第三小组访谈情况表

一、参加调研人员基本信息（共 9 人）

姓名	性别	年龄	家庭人口	家庭主业（种植、养殖）		收入比例（种植、养殖、其他）
康万明	男	45	3	种植冷棚 5 个		种植 100%
张文成	男	46	4	暖棚 1 个，冷鹏 4 个		种植 100%
谷兴春	男	46	3		养殖鸭子 4 000 只	养殖 100%
何宗胜	男	45	4	冷棚 4 个		种植 100%
何宗旺	男	55	3	暖棚 1 个，冷鹏 2 个		种植 100%
王景礼	男	46	3	暖棚 1 个，冷鹏 2 个		种植 100%
李会芝	女	52	2	4 亩桃果树		在村打工 1 人（20%），桃树（80%）
柴吉凤	女	40	6	暖棚 2 个，冷鹏 2 个		种植（90%），打工（10%）
马艳霞	女	47	4	冷鹏 3 个		种植 100%

二、新农村（求贤村）基本设施建设情况

序号	调查内容	有、无	数量	满意度打分（满分90分）	排序	原　因	建　议
1	文化大院、文化广场	有	1	75	6		
2	社区医疗服务站	有	1	69	4		
3	健身器材、球场	有		69	4		
4	太阳能路灯	有	100%	84	11		
5	有线电视、电话	有	100%	78	8		
6	改厕、集中排污	有	100%	87	12		
7	垃圾站、垃圾车、垃圾桶	有	100%	76	7		
8	灌溉	有		69	4	用漫灌，便宜、可刷卡、效果好；不用滴灌，麻烦、肥施不进去、管理不好、须随时保持压力、费电、易造成均摊	
9	环村道路建设	有		62	3	下雨时田间道路泥泞，车辆出入不方便	修简易道路到田间地头
10	数字家园	有	1	87	12	100%不知道	
11	农机器具	有	3	48	1	成本高、补贴机具买不到，现用大型器具多来自个体。租用费用高	
12	村邮站	有	1	97	15	有专人负责	
13	绿化植树	有	100%	94	14	杨树1万多棵，枣树、杏树、核桃树、花卉等，绿化100%	
14	煤气	有	100%	57	2	无天然气，均使用液化气，有时用电省钱，煤气太贵100元/月	
15	树木残肢有无影响环境	有		79	9	枯枝、秸秆均作燃料	

（续）

序号	调查内容	有、无	数量	满意度打分（满分 90 分）	排序	原　因	建　议
16	机井	有	32	84	11		
17	浴池	有	3 个、建设中 1 个	81	10		
18	新建剧场	有	1	92	13	丰富业余文化生活，可唱戏（河北梆子）	
19	保险	有		70	5	赔付效率太低	

三、种植、养殖结构

作物种类	栽培方式	面积（全村）	亩产（千克）	亩投入（元）	单价（元/千克）
番茄	保护地（冷、暖棚）	冷鹏 500 亩、暖棚 100 亩	冷鹏 3 000～3 500、暖棚 4 000～5 000	鸡粪 600、塑料 1 300～1 400/2 年 1 次，农药、种子、化肥 1 500	鸡粪 1.0
西瓜	冷鹏	1/3 农户种植	1 500～3 000	吊绳 100 元/亩，共 2 500～3 000 元	0.4～1.8，平均 1.0
芹菜	暖棚	100 亩	3 500～5 000	3 000 元	1.4～1.6
玉米	陆地		400～500		
小麦	陆地		300～400		1.6
黄瓜	暖棚		2 000～2 500	700～800	0.4～1.4
豆角	设施种植	20～30 亩			
茄子	冷棚	40～50 亩	5 000～6 000	比番茄略低	0.8～1.0，最高 2

四、主要作物技术选择与分析——番茄

类别	名　　称	来　源	原　因	打分排序	建　议
品种	202东胜、金鹏	80％固安县	价格便宜2～3元/袋，每亩省20～30元	39	不抗病，坐果率低，来源分散质量没保障，种子带病互相传
育苗	伴药（多菌灵）出苗打药	自己育苗	不拌易出现黑根，预防猝倒	48	
植保	7～10天打1次药，易出现基腐、立枯、早晚疫、灰霉		干叶、黑心，病虫害防不住	39	发生后才找门市部买药，不好防治
施肥	没有测土，靠经验		都知道花钱到固安县买肥才给测	46	不清楚肥力，缺什么肥
控温放风				49	
灌溉	10天1次		靠自己掌握	54	

五、主要作物技术选择与分析——西瓜

类别	名　　称	来源	原　因	打分排序	建　议
品种	京欣1号、景甜、羊角蜜			62	
育苗		同番茄	育苗时关键，散户育苗缺乏育苗技术	55	
植保	炭疽病、红蜘蛛、蚜虫		蚜虫防不住，瓜枯萎、缺乏防治技术	57	用烟雾剂（杀菌剂）
栽培管理	人工对花（大瓜），小瓜坐瓜灵100％		嫁接成活率低	59	
施肥		同番茄		60	
控温放风				60	
灌溉	沙地3天1水，生育期要5水			63	

六、主要作物技术选择与分析——芹菜

类别	名　　称	来源	原因	打分排序	建　议
品种	文图拉，西芹/环球			58	
育苗	多菌灵拌土，比例凭经验			67	
植保	黑斑，2～3次多菌灵			68	
栽培管理				66	
施肥	凭经验			62	
控温放风				57	易倒伏，关键是湿度无法控制
灌溉				71	

七、农资购销渠道与现状

种类	购买渠道	方便程度	质量	问题原因	建　议
种子	固安县		没保障		希望政府建销售点，价格高点没关系
化肥	本村	3个销售点，方便	没保障		建议开连锁店
农药	本村、镇科技站	方便	没保障		建议开连锁店
有机肥（鸡粪）	河北固安				

八、农民培训与技术指导

形　式	内容	方法	次数	效　果	问题	建议
卖药、卖肥的厂家						
镇里组织	电工、大棚					
固安教授						
番茄培训			1人	镇里组织40～50人，内容是棚里没发生过的		

（续）

形　式	内容	方法	次数	效　　果	问题	建议
西瓜、芹菜						
培训						
参观学习						
番茄示范户			3人			
水管员			5人			
护村员			3人			
防疫员			2人			

九、农户机构联系图

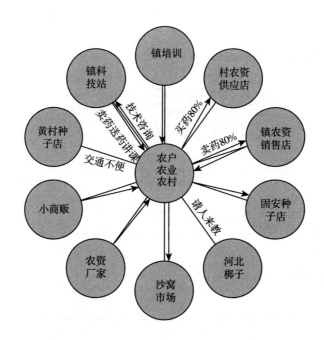

四、农民田间学校
农民需求调研报告

1 养猪农民田间学校农民需求调研报告

北京市通州区漷县镇北堤寺村北京万全牧业有限公司：赵万全，2008年7月。

1.1 调研背景与目的

通州区漷县镇北堤寺村是经市农业局、区农委、区动监局确定的生猪农民田间学校培训所在地。为摸清农民在养猪生产中对科技服务的需求，于2008年7月29日开展了本次调研。

1.2 调研方法及过程

调研人员：万全生猪农民田间学校辅导员赵万全

调研方法：本次调研采用访谈、发调查问卷、座谈的参与式方法。

调研过程：首先对村党支部书记赵玉山、社长赵文旺进行了访谈，主要了解村干部对开展农民培训的看法、支持程度和村基本情况。在掌握了村户养猪生产情况的基础上，确定了培训学员，并于2008年7月29日向学员发放了调查问卷；同时召集10名学员进行了座谈。

1.3 调研主要结果与问题分析

1.3.1 村基本情况

（1）地理交通。通州区漷县镇北堤寺村位于通州区东南部，东距103国道10公里，西距京津高速路6公里，交通便利。

（2）人力资源。全村总户数720户，人口总数1 540人，其中男750人、女790人，户均人口数2.14人。在人口总数中60岁以上240人，其中男100人、女140人；20～60岁1 040人，其中男460人、女580人，（20～60岁为有劳动能力的村民）；20岁以下260人，其中男140人、女120人。

20～60岁有劳动能力的村民1 040人，占全村总人口的67.5%，由于人多地少，每户在农业劳动上投入的时间不足30天。

每年有半年时间打工搞建筑的男劳动力80人，占有劳动能力的男村民的 17.4%。

（3）土地资源。全村耕地面积 3 560 亩，人均 2.3 亩。

（4）产业结构。全村从事种植业 720 户，占总数的 100%。从事种植业之余，又从事养殖业的 67 户，占总户数的 9.3%，其中猪 35 户、鸡 1 户、羊 7 户、牛 20 户、鱼 4 户；从事工商业的 10 户，占总户数的 1.4%。养猪农户 35 户，母猪存栏 125 头，有 16 户为利用自家庭院饲养，9 户在小区饲养，饲养方式基本上是圈舍民居相连、人畜混居、条件简陋。

（5）收入来源。该村农民家庭主要经济来源为种植业，种植业主要以种植小麦、玉米为主。

（6）组织建设。该村目前只有以北京万全牧业有限公司为龙头组建的"生猪专业合作社"，入社农户 60 户（包括外村农户）。

1.3.2　机构联系状况（与养殖业有关的联系单位）

养猪农民联系较多的社会单位为潭县兽医站，距该村 10 公里，主要是买疫苗；原料采购（预混料、浓缩料、豆粕、麸皮）一般为当地经销商或当地粮贩送货上门；兽药到永乐店镇私人兽药店购买；销售生猪一般经猪贩子联系或卖给当地的私自宰猪的个人。

总体来看，养猪农民对外联系不多，即使是养猪农民主动联系较多的社会单位"潭县兽医站"，也是去买疫苗，其他职能不清楚。

1.3.3　种植业基本结构和收益分析

该村农民家庭主要经济来源为种植业，种植业主要以种植小麦、玉米为主。全村耕地面积 3 560 亩，人均 2.3 亩。按 2007 年综合计算，每亩地年产值 1 456 元，实现纯收入 859.5 元。

（1）小麦（按亩核算）。

收入：平均亩产 400 千克，单价 1.64 元，计 656 元。

支出：种子 22.5 千克，单价 2.20 元，计 49.5 元；底肥（二胺）25 千克，单价 2.60 元，计 67 元；尿素（追肥）50 千克，单价 2.40 元，计 120 元；浇水（四次）用电 100 千瓦时，单价 0.60 元，计 60 元；播种（耕地、粉碎、打梗、播种）计 90 元；收割费计 55 元；农药费计 10 元。合计 451.5 元。利润 204.5 元（不计人工）。

（2）玉米（按亩核算）。

收入：平均亩产 500 千克，单价 1.60 元，计 800 元。

支出：种子 2.5 千克，单价 10 元，计 25 元；底肥（复合）25 千克，单价 2.00 元，计 50 元；尿素（追肥）50 千克，单价 2.40 元，计 120 元；浇水（二次）用电 50 千瓦时，单价 0.60 元，计 30 元；播种计 15 元、收割费 60 元、剥皮 30 元、打粒 25 元、农药费计 10 元；合计 365 元。利润 435 元（不计人工）。两项总计利润 639.5 元/亩，加政策减负收入（小麦 150 元、玉米 70 元）220 元/亩，实际每年每亩地利润 859.5 元。

调查结果显示：种植业收入是农民的主要收入，全村年种植业产值 518.3 万元，利润 304 万元。按人均耕地 2.3 亩计算，全村 720 户，户均人口数 2.14 人，每年每户从种植业中获得的利润为 4 222.2 元，平均每人每年从种植业得到的实际利润 1 973 元。

1.3.4　养殖业基本结构和收益分析

全村从事养殖业的 67 户，占总户数的 9.3%，其中猪 35 户、鸡 1 户、羊 7 户、牛 20 户、鱼 4 户。

养猪农户 35 户，母猪存栏 125 头，有 16 户为利用自家庭院饲养，9 户在小区饲养，饲养方式基本上是圈舍民居相连、人畜混居、条件简陋。

1.3.5　农资购销

预混料、浓缩料、豆粕、麸皮：购自当地经销商，玉米：自产或购自当地粮贩，疫苗：购自涝县兽医站，兽药：购自永乐店镇私人兽药店。

产品销售：生猪销售给购猪经纪人或屠宰厂。

1.3.6　农民培训与技术指导

从事种植业的农户没有参加过培训。

从事养殖业的农户一年中参加过 2～3 次由预混料、浓缩料、兽药当地经销商举办的半天培训，但以卖料、卖药为主，一般中午管饭。

1.4　产业发展建议

本村产业结构单一，基本以种植业为主，种植作物以小麦、玉米为主。要提高农民收入，必须调整产业结构，发展多种经营。建议如下：

调整种植业结构，发展蔬菜、花卉生产。

本村历史上有农户养猪的传统，基本家家户户都养过猪，但近几年由于疫情、资金、场地限制，养猪户逐年减少。本村有通州区最大的养猪龙头企业，可以从技术上予以支持。同时，村领导有支持农户养猪的愿望，可以解决用地问题。如果能获得财政、银行信贷支持，可以发展生猪养殖小区建设。

1.5 农民培训现状分析

种植业由于以小麦、玉米为主，农民培训愿望不大。养殖业中以养猪农户最多，适宜开展技术培训。培训需求调查采用"书面调查问卷"方法进行，在 7 月 29 日上午开学典礼前，利用 30 分钟时间，由学员答卷。

需求调查问卷的统计分析结果显示，学员都希望学习从"后备母猪开始到下猪"阶段的母猪管理，以及疫病防治、提高仔猪成活率措施、人工授精等养猪生产知识。有的学员要求学习"生猪市场分析及预测"的经营管理知识。

学员的技术水平差距较大，其中 16 人已参加上年的培训，9 人为当年的本村新学员。因此，要注意发挥有老学员的积极性，多给他们充分表现自己的机会，进一步提高他们积极参与、带动的积极性；新学员要鼓励他们多提出问题，把自己在生产中遇到的难题讲出来，让他们感到参加田间学校的培训有收获。

大部分学员具有初中文化程度，对知识的理解和掌握应该不成问题，因此，本期培训应专业术语和通俗语言相结合、理论与实践相结合，使学员的专业知识和理论水平得到加强。

在学习时间安排上，90% 以上学员提出每月学习两次，安排在下午 3～5 时，每次 2～3 小时。

在参加培训的学员中，养猪收入均为家庭的主要经济来源，因此辅导员要有责任心，把自己的理论知识和实践经验毫无保留的传授给学员，使学员通过在田间学校的学习，不断地提高养猪生产水平和经济效益。

1.6 附录

附录 1 种植业农户访谈情况

姓名	年龄	性别	人口	主业	副业	年收入（元）	
						主业	副业
曹克荣		男	2	种植	打工	4 亩 3 438.00	12 000.00
赵万金		男	2	种植	打工	4 亩 3 438.00	12 000.00
赵树和		男	2	种植	打工	4 亩 3 438.00	12 000.00
曹克山		男	3	种植	打工	6 亩 5 157.00	12 000.00
曹永树		男	3	种植	打工	6 亩 5 157.00	12 000.00
高绍光		男	3	种植	打工	6 亩 5 157.00	12 000.00
赵广起		男	3	种植	打工	6 亩 5 157.00	12 000.00
赵广生		男	3	种植	打工	6 亩 5 157.00	12 000.00

注：主业为种植业的年收入指不记人工费的纯收入；副业的年收入指在本地当瓦工或小工的纯收入。

附录 2 养殖业农户基本情况

姓名	年龄	性别	人口	主业	副业	年收入（元）	
						主业	副业
刘 杰	40	女	3	养猪	种植	150 000.00	6 亩 5 157.00
赵东起	42	男	3	养猪	种植	17 500.00	6 亩 5 157.00
吴克利	54	男	4	养猪	种植	16 500.00	8 亩 6 876.00
曹振刚	44	男	3	养猪	种植	15 000.00	6 亩 5 157.00
马玉凤	55	女	2	养猪	种植	12 500.00	4 亩 3 438.00
赵万海	53	男	2	养猪	种植	17 500.00	4 亩 3 438.00
赵万池	44	男	3	养猪	种植	17 500.00	6 亩 5 157.00
赵淑慧	51	女	4	养猪	种植	35 000.00	8 亩 6 876.00
赵文来	63	男	6	养猪	种植	35 000.00	12 亩 10 314.00
吕全新	44	女	5	养猪	种植	35 000.00	10 亩 8 595.00

注：主业为养猪的年收入指不记人工费的纯收入；副业为种植的年收入指不记人工费的纯收入。

附录3　培训需求调查问题排序（结构式访谈——调查问卷法）

排序	问题描述	学员问卷中描述的问题	分析原因	解决方法和措施
1	后备母猪、断奶母猪不发情	母猪发情不让配 配了的母猪老复发	母猪繁殖障碍性疾病引起 饲养管理问题引起	解决母猪繁殖障碍性疾病 正确的免疫接种程序 加强饲养管理
2	呼吸道疾病	猪干咳的多 又咳嗽又喘	呼吸道疾病引起 不良的环境条件引起	有效控制呼吸道疾病 改善不良的环境条件
3	母猪下死胎及流产的发生率高	第一胎母猪下死胎、流产 八九月份母猪下死胎、流产	母猪繁殖障碍性疾病引起 饲养管理问题引起	解决母猪繁殖障碍性疾病 正确的免疫接种程序 加强饲养管理
4	免疫及消毒	母猪做什么疫苗 小猪做什么疫苗 消毒用什么药	学员不了解免疫程序，不知道什么时间该做疫苗；不了解消毒药的种类及使用方法	让学员掌握正确的免疫程序 让学员掌握正确的消毒方法及了解常用的消毒药
5	猪病的防控	猪咳嗽、喘的治疗 猪浑身发紫怎么治 猪拉稀怎么治 猪关节肿是什么病 母猪流产怎么治 猪病诊断及预防 打疫苗过敏如何治 猪打架快死了打什么针	学员描述的是症状，实际上不知道是什么病 不了解异常情况下猪病的急救知识	让学员掌握本地区常见猪病的发生原因、临床症状以及防控措施 培训异常情况下猪病的急救方法
6	母猪的饲养管理	新买小母猪的管理 怀孕母猪的饲养 哺乳母猪奶少怎么办	学员不了解后备母猪、妊娠母猪、哺乳母猪正确的饲养管理方法	让学员掌握后备母猪、妊娠母猪、哺乳母猪正确的饲养管理方法
7	生长猪的管理	吃奶小猪的管理 如何增加猪的生长速度 怎样提高仔猪成活率 劁猪的方法	学员不了解哺乳仔猪、断奶仔猪、育肥猪正确的饲养管理方法	让学员掌握哺乳仔猪、断奶仔猪、育肥猪正确的饲养管理方法
8	人工授精技术	想学猪的人工授精	不知道人工授精技术的方法	培训人工授精技术，做示范以及进行实际操作

（续）

排序	问题描述	学员问卷中描述的问题	分析原因	解决方法和措施
9	全价饲料配制	各种猪应该用什么料 每种原料的比例是多少 饲料发霉了怎么办	学员不了解饲养标准，不知道如何配制全价饲料	培训饲养标准知识 培训饲料配制技术
10	提高养猪经济效益的方法	如何降低猪的成本		学员分享自己降低养猪成本、提高养猪经济效益的方法

注：本培训需求调查问题排序为两个培训班共53人统一汇总的结果。

2　番茄农民田间学校农民需求调研报告

北京市延庆县植物保护站：孙超　谷培云　姚金亮　焦雪霞　国洋　郭书臣，2010年3月。

2.1　背景与目标

北菜园位于延庆县康庄镇，建有一个蔬菜合作社。延庆县植保站2010年特在北菜园新建一所农民田间学校，为合作社提供技术服务。此外，北菜园还是北京市果类蔬菜团队在我县设立的田间学校工作站。为了全面掌握该村蔬菜产业的情况，了解农户需求，为确定培训计划提供依据，我们于2010年初组织开展了本次调研。本次调研由延庆县植保站组织实施，孙超负责调研二手材料的收集和调研方案的制订，以及调研前的准备和调研过程的组织实施。谷培云、姚金亮、焦雪霞、国洋参加了全程调研，郭书臣参加了部分调研。由于本次调研工作量较大，因此分成两次进行，2010年1月29日第一次调研，2月1日第二次调研。

2.2　调研方法

在调研前首先向康庄镇农业服务综合管理办公室收集该村的基本情况，在收集二手资料的基础上，制订了详细的调研计划。北菜园的蔬菜产业都是统一化管理，种菜农户都加入了北菜园蔬菜合作社，成为了合作社社员。因此，为了解该村蔬菜产业的基础设施建设、发展现状、农户生产技术水平等方面情况，我们对该村的蔬菜合作社进行了调研。将访谈农户分为三组：5

名农户组（第一组），由孙超、谷培云、焦雪霞进行一对一访谈，国洋、姚金亮协助。访谈内容为与设施蔬菜生产相关的 18 个问题提纲。15 名农户组（第二组），由谷培云主持访谈，孙超、焦雪霞、国洋、郭书臣协助。首先由辅导员先简单介绍调研的意义与目的，然后采用卡片法收集农户种植中遇到的各种问题并归类。接下来引导全体农户共同讨论填写农民培训与技术指导情况表、农户与社会机构联系图。然后将 15 名农户再分为 3 组，每个小组根据所发表格内容讨论并填写果类蔬菜的施肥情况表、施药情况表、灌溉情况表。辅导员负责巡视，指导农户填写。合作社干部、技术员组 2 名（第三组），由孙超主持访谈，访谈内容为设施情况、种植蔬菜品种、茬口等。本次调研采用了半结构访谈、头脑风暴、问题收集、打分排序、机构联系图等工具。调研结束后 3 个调研小组共同交流讨论并分析调研结果，在此基础上形成调研报告。

2.3　调研结果与分析

2.3.1　调研农户基本信息

本次访谈北菜园蔬菜合作社农户共 19 名，有较好的代表性。从身份上看，有合作社干部 1 名、技术员 1 名及 17 名当地的普通农户；从性别上看，8 名男性、11 名女性，可见该村劳动力以女性为主；从年龄结构上看，平均年龄 47 岁，其中 31～40 岁的 2 人、41～50 岁的 12 人、51～60 岁的 5 人；从劳动力结构上看，19 户农户均从事蔬菜种植，占受访农户的 100%，符合该村主导产业特点；从收入结构上看，10 户农户收入均全部来自于种植业。

2.3.2　北菜园蔬菜合作社生产发展现状分析

北菜园蔬菜合作社于 2007 年 7 月 14 日取得营业执照正式挂牌经营，注册资金 185 万元，现有合作社社员 298 人，主要来源于当地农户。主要种植作物为番茄、彩椒，此外，还种植长茄、西芹、雪莲果、紫薯、青萝卜等。为把好质量关，提高产量，保证蔬菜的高品质，合作社还高薪聘请了山东的农业技术员长期住在基地，随时指导工作。

合作社的长期发展规划是努力打造自己的品牌，做有机蔬菜产业，做订单农业。辖区占地面积 41.6 公顷，其中农业设施 25 公顷，大棚 95 栋，占地 8.3 公顷，日光温室 132 栋，占地 16.7 公顷。

通过对设施情况调查发现设施情况不完备。日光温室留有侧风口，并安装有防虫网，但无顶风口，棚室内无加温设施，后墙为 1.2 米厚的水泥板墙，保温性能相对较差，棚室内早春极端低温可达零度以下；大棚为钢架结构，有侧风口，并安装有防虫网，无遮阳网。

通过对农资购买情况调查发现，种子、化肥、农药和部分农机等农资的主要来源是由合作社专人负责采购，较便利，农资质量参差不齐。此外，部分农机由县里和镇里的政策补贴提供。

通过对产品销售情况调查发现，合作社无订单，无稳定销售渠道，小商贩收购的价格差异较大。主要销售方式依靠小贩到地头收购，部分到附近市场进行分散式销售，但销售价格与地头收购差异不大。

总体评价：由于日光温室无顶风口，无加温设施，后墙保温性能较差，冬春季生产受限。大棚无遮阳网，夏季高温强光，易引起彩椒的日灼病；农资的主要来源是由合作社统一采购，较便利；农产品销售渠道少，销售始终是合作社面临的主要难题，负责人希望县里能多搞些洽谈会，帮助扩大销售渠道。

2.3.3 主要作物——番茄生产技术现状分析

通过对品种调查发现，番茄是该村设施农业的主导品种。因此，我们对番茄的生产现状进行了调研和分析。

该合作社番茄品种主要为百利、巨粉和中农 988，一般日光温室一年种植 2 茬番茄，品种和种植面积均由合作社统一安排。

在育苗环节上，合作社在日光温室内建立苗畦，采用穴盘进行自育种苗。由于技术水平不高，缺乏调控温湿度的手段，许多在育苗期应该采取的防治措施都没有采用，导致所育种苗质量较差，苗势较弱。当种苗不足时，有部分种苗从当地的绿富隆蔬菜基地购买。

在施肥环节上，访谈显示有 40% 农户知道测土配方施肥，都不清楚目前土壤的肥力。县推广站曾对日光温室和大棚取过土样进行测土，但尚未给出测土配方施肥卡。通过对日光温室番茄施肥情况调查发现，定植前每亩番茄共施用 3 500 千克的腐熟鸡粪、2 500 千克的生物有机肥、40 千克的尿素、80 千克的硫酸铵，20 千克的硫酸钾作为基肥，在结果期分两次追肥，每次施用 25 千克的尿素、25 千克的硫酸铵、8 千克的硫酸钾和 0.25 千克的叶面肥。从技术上分析，番茄基肥未施用磷肥，而氮肥用量过大，过多的氮肥既增加了成本，又容易造成病害的发生。通过一对一访谈了解到，施肥的主要依据还是依靠往年经验，往往跟着感觉走，在施肥时很少施用微量元素。

在灌溉环节上，日光温室番茄采取了膜下滴灌的灌溉方式，能有效提高地温、减少杂草生长、降低空气湿度，为目前较为先进的灌溉方式。全生育期灌溉 5 次，分别为定植前 1 次、定植后 1 次、一穗果开花前 1 次、一穗果坐果期 1 次、三穗果坐果期 1 次。在灌溉控制上，多数农户对每次灌水量、持续时间、灌水间隔时间、总灌溉次数等灌溉上的一些参数还是主要依据自己的经验进行，发现棚室内较干就灌溉；少数农户提出应根据棚室内的湿度条件。显然都缺乏必要的技术指导。

在施药防治环节上，合作社有专人负责兑药、施药。施药器械为大型机动式喷雾机，除采用传统喷雾外，还针对病害特点采用药液灌根、涂抹枝杆等施药方法。但通过一对一访谈发现，兑药存在很大问题，合作社没有精准施药量具，有些量具甚至是由可乐瓶改装而成，无法做到精准施药。

在设施蔬菜装备调查中，该合作社缺乏棚内整地设备、大型植保机械、育苗设备、储存保鲜设备及设施废弃物处理设备等。农户对目前所使用的卷帘装置提出了技术改进的建议。

2.3.4　农户问题与需求分析

采用卡片法对第二组的 15 名农户进行了问题收集，其中植保类占 46.7%、栽培管理类占 26.7%、土肥类占 20.0%、销售类占 6.6%。问题主要集中在番茄、彩椒的各种病虫害的防治技术，植保新产品的使用技术，番茄、彩椒的栽培管理技术，测土配方施肥技术等。

通过一对一访谈第三组农户，将 5 名农户的各项技术需求排序统计后得出了该合作社农户的技术需求排序与分析表（表 1）。与第二组统计结果一致，农户认为病虫害防治是迫切需要的技术，主要原因为病虫害发生频繁，不能识别很多病虫害，从而无法做到对症施药，往往不易控制发生，造成较大的损失。

表 1　技术需求排序与分析

类别	得分	原因分析	建　议
品种	23 分		需求冬季耐低温、夏季耐高温的种子
育苗	24 分		定植前希望植保站对种苗检测，确保无病种苗
栽培管理	15 分		无
病虫害防治	12 分	一旦发生控制不住，造成危害损失大	无
施肥	14 分		无

（续）

类别	得分	原因分析	建议
控温放风	22 分	无	
灌溉	29 分	无	

注：打分排序是指由调查的 5 位农户分别对 7 项技术类别（品种、育苗、栽培管理、病虫害防治、施肥、控温放风、灌溉）进行 1～7 分值打分后，对各技术类别分别求和后的分值总和，分值越小，表示需求越强烈。

2.3.5　农民培训现状分析

2.3.5.1　村民与社会机构联系图

本次调研中，我们引导第二组农户绘制了农户与社会机构联系图（图1），希望了解社会机构与农户的联系密切程度。

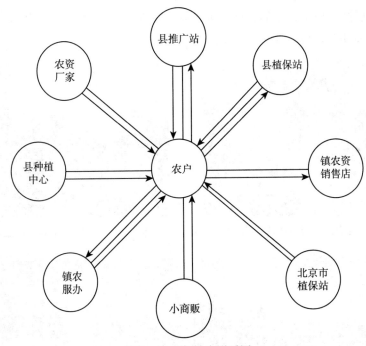

图 1　农户与社会联系图

从联系图看：与农户联系最紧密的共有 8 类机构，其中 5 类属于政府公益性推广机构。在 7 类主动联系农户的机构中，北京市植保站、县种植中心、县植保站、县推广站主要提供技术服务，此外，2 类为销售农资的经营单位或个体小商贩。在农户主动联系的机构中，除少数农户向县植保站、县推广站进行过技术咨询外，其他联系动机多为购买农资产品。

2.3.5.2 农民培训问题分析

通过调研发现，农户培训工作严重落后，主要问题是：培训次数少，培训与需求结合不紧密，培训内容生产上用不上，很多培训往往带有功利性质，主要以生资购买为主；农户所需的市场信息没有可靠渠道，主要从农资销售店获取。

2.4 结论

通过调查我们发现北菜园的农户虽然多年种植蔬菜，但主要以菜花、甘蓝等露地菜为主，保护地种植经验缺乏，很多知识有待更新。对设施蔬菜种植过程中的病虫害防治、栽培管理、销售等方面存在很多问题，例如，设施内没有悬挂温湿度计，不能根据温湿度正确放风降温除湿；兑药无精准量具，施药粗放；大棚无遮阳网，门口无防虫网等。

在后续工作中，我们将针对本次调研发现的问题找出培训间距，制订详细的培训计划，力图将北菜园田间学校办得更好。

图2 与农户一对一访谈（第一组）

图3 卡片法问题收集（第二组）

图4 绘制村民与社会机构
联系图（第二组）

图5 组内再分三小组讨论填写施药
情况表（第二组）

3 西兰花农民田间学校农民需求调研报告

延庆县植物保护站：谷培云 焦雪霞，2010 年 3 月

3.1 调研背景与目的

延庆县旧县镇小柏老村是延庆县无公害蔬菜生产基地，农民具有丰富的蔬菜种植经验，但农民都是独立种植，在病虫害防治及栽培管理上只靠经验和盲目随从别人，偶尔有专业技术人员或专家到村讲课，但时间短、注重理论知识的传授，农民在生产中不能很好地运用。农民田间学校，是联合国粮农组织提出和倡导的一种以人为本、能力为先、自下而上的参与式农民素质教育模式和农业技术推广方式。农民田间学校不同于传统培训方式，传统培训是一种自上而下、"师为长，学为徒"、"重理论，轻实践"、"填鸭式"的教学方式，农民是被动学习，所学到的知识在生产中不能很好地运用。而农民田间学校是一种"以人为本、能力为先"，自下而上的参与式农技推广方式，充分体现以农民为中心、以田间为课堂、以实践为手段的原则。利用三式（启发式、互动式、参与式）、三重（重需要、重实践、重技能）、三动（动脑、动口、动手）的教学模式，注重社会、经济和生态效益的有机结合。农民田间学校是在农民田里举办的没有围墙、没有教材、没有专职教师的学校，通过参与式学习，提高农民的自信心和科学决策能力。经实践证明农民田间学校是新农村建设中培养懂技术、会管理、擅经营的新型农民的有效途径。2005 年北京市开办农民田间学校，得到了市有关单位和领导的高度重视和大力支持。小柏老村农民田间学校是在北京市农村工作委员会、北京市农业局、北京市科学技术协会、北京市财政局的大力支持下，由北京市农业局、延庆县农委主办，承办单位为延庆县种植业服务中心、延庆县植保站，延庆县旧县镇农发办协办。

此次调研的目的主要是了解和掌握小柏老村基本情况、产业发展和蔬菜生产中存在的问题及技术服务需求，为制订小柏老村农民田间学校培训计划提供依据。

3.2 调研内容

需求调研的内容包括：村庄基本情况，农业生产情况、人力资源情况、经济情况、生产投入产出、生产中存在的问题及技术需求等，对主要蔬菜种

植种类的重要性及存在问题的重要性进行排序分析,问题的解决过程和方法及需求,目标作物的种植历等。

3.3 调研方法

调研方法及使用的工具:采用座谈式、走访式、问卷式和头脑风暴的方式进行调研。

2008年7月16日,首先与村领导座谈,了解本村的基本情况;7月16日与30名农民座谈、问卷式调研了解农民在生产中投入产出及技术需求;把农民分成4个小组,采用头脑风暴的方式了解农民生产中存在的问题和需求,并进行排序分析。

3.4 调研结果与分析

3.4.1 调研村的基本情况

小柏老村隶属于旧县镇,位于延庆县城东北约10公里,距旧县镇东南2公里,是延庆县蔬菜生产基地之一,全村共有112户400余人,以蔬菜种植作为主要收入来源的为80户,全村有100余人从事种植业,耕地面积1 000余亩,其中露地蔬菜种植面积450余亩,占耕地面积的45%,主要蔬菜种植种类为西兰花、生菜和杭椒,蔬菜种植成为农民经济收入的主要来源,年人均收入约5 000元,其中蔬菜种植收入占60%以上。2009年新建保护地300亩。

3.4.2 问题与需求分析

农民对蔬菜有害生物防治技术需求强烈,都非常希望参加农民田间学校培训。小柏老村种植蔬菜的时间比较短,过去很少有专家和技术人员到本村讲课,蔬菜病虫害的识别和防治技术比较缺乏,在生产中都是靠自己的经验管理,所以还需要掌握更多的科学栽培技术,特别是测土配方施肥技术,农民在生产中多以氮肥为主,集中施肥,成本高,降低收入。

通过问题重要性排序,农民面临急需解决的问题:①蔬菜病虫害防治技术及农药的科学使用(100%);②新品种、新技术的应用(90%);③测土配方施肥(80%);④需要掌握一定的栽培技术(30%);⑤需要了解一些新信息、新政策(10%)。

3.5　培训计划

根据需求调研，由辅导员、学员、村干部一起讨论，制订了培训计划。

表2　延庆县旧县镇小柏老村西兰花农民田间学校培训计划

时期	生育期	目标内容	农民田间学校培训活动内容
16/7		参与式需求调研	农民需求调研，座谈式、走访式和问卷式调研方法
18/7	育苗	介绍农民田间学校基本理念和方法	1. 什么是农民田间学校，目的及意义 2. 农民田间学校的发展以及展望 3. 农民田间学校的培训内容，学员基本情况调查
25/7		组建班级，了解存在问题	1. 分组取组名，选班长 2. 农民专题：西兰花生产过程中存在的主要问题，自己是否能解决及解决的方法，要求技术推广部门做什么 3. 团队建设：击鼓传球
1/8		开学典礼	领导和学员参加，提出要求
8/8	定植	定植方法，缓苗后水肥管理技术，促进缓苗，培育壮苗，提高植株抗病力	1. IPM简介，IPM田和FP田简介 2. 农田生态系统（AESA）及学习做分析图 3. 团队建设：食物网 4. 专题：西兰花定植方法及主要管理措施
18/8	缓苗期	水肥管理，西兰花薰茶主要害虫小菜蛾的识别和防治	1. AESA，诱捕器的使用方法 2. 专题：西兰花主要害虫的识别和防治 3. 试验：小菜蛾防治技术，纠正学员操作技术，提高防治效果 4. 游戏：比眼力
22/8	苗期	西兰花主要病害识别及防治技术	1. AESA，小菜蛾的防治最佳时期，纠正学员见到蛾子就打药的错误观念 2. 专题：西兰花科学栽培技术 3. 游戏：九点连线
29/8	开花期	农业昆虫的识别，认识天敌	1. AESA，及时中耕除草及目的和意义 2. 团队建设：合作运气球 3. 专题：农药科学使用技术及不科学使用所造成的后果 4. 试验，病菌的传播

（续）

时期	生育期	目标内容	农民田间学校培训活动内容
5/9	开花期	追肥浇水，及时中耕，病虫防治	1. AESA，加强肥水管理，要少而勤，一肥一水，注意中耕除草 2. 试验：农药量具的使用技术 3. 团队建设：悄悄话传递 4. 昆虫园制作，观察昆虫的生活史 5. 专题：如何区分真假种子和真假农药
12/9	开花期		计算机操作技术
19/9	收获期	肥水管理，结合叶面喷肥，病虫防治	1. AESA，田间主要管理技术和措施 2. 试验：导管 3. 观察昆虫园 4. 团队建设：数正方形 5. 西兰花主要病害的识别和防治技术
26/9	活动日		培训成果总结，汇报学习成果

3.6 培训的组织与管理

通过调研分析后，我们决定在小柏老村开办农民田间学校，在北京市农委、北京市农业局、北京市植保站及延庆县农委、延庆县种植业服务中心和延庆县植保站领导的大力支持下，组成了延庆县旧县镇小柏老村农民田间学校领导和技术服务小组。

3.6.1 领导小组

组长：董慧明　　延庆县种植业服务中心副主任

副组长：高双泉　　延庆县植保站站长

　　　王磊奇　　延庆县旧县镇农民发办主任

3.6.2 技术服务小组

郑建秋　　北京市植保站副站长　推广研究员

董慧明　　延庆县种植业服务中心副主任　　推广研究员

马永军　　延庆县植保站副站长　　农艺师

谷培云　　延庆县植保站　　高级农艺师

焦雪霞　　延庆县植保站　　助理农艺师

国　洋　　延庆县植保站　　中级工

3.6.3 学校组织成员

名誉校长：贺建仓　　旧县镇副镇长

校　　长：王合青　　小柏老村党支部书记

常务副校长：闫书华　小柏老村农民田间学校班长

辅导员：谷培云　焦雪霞　国洋　　延庆县植保站

4 附录

附表1　延庆县旧县镇小柏老村受访农户
基本情况调查表（1）

姓名	学号	民族	年龄	性别	文化程度	家庭人数	劳力数	种菜经验（年）	耕地（亩）	蔬菜面积（亩）	目标作物面积（亩）
闫书华	1	汉	46	女	高中	4	2	7	10	4	2
刘玉林	2	汉	46	女	中专	3	2	6	10	1	1
赵清珍	3	汉	50	女	初中	5	2	6	10	4	2
李桂兰	4	汉	41	女	初中	4	2	4	10	3	3
高增全	5	汉	55	男	小学	3	2	7	7	3	3
王继青	6	汉	44	女	初中	3	2	8	8	3	2
王满香	7	汉	49	女	小学	5	2	3	12	4	4
张银栓	8	汉	70	男	小学	2	2	1	12	7	2
刘桂兰	9	汉	55	女	小学	3	2	4	7.5	2.5	2
王义华	10	汉	54	男	初中	2	2	6	10	6	2.5
马常红	11	汉	34	女	初中	4	2	1	3	3	1
王全旺	12	汉	44	男	初中	4	2	20	10	10	4
闫桂莲	13	汉	40	女	初中	4	2	13	10	6	2.5
郝书元	14	汉	44	女	初中	4	2	2	8	5	2
李合青	15	汉	43	男	初中	4	2	6	7.5	8	4
赵金仓	16	汉	45	男	初中	5	2	14	12	6.5	5
刘长在	17	汉	60	男	初中	2	1	5	7.5	5.5	2

附表 2　延庆县旧县镇小柏老村受访农户基本
情况调查表（2）

姓　名	在家庭中的关系	种植蔬菜种类	蔬菜种植生产上主要存在什么问题？	需要农业技术服务推广部门做什么？
闫书华	决策者	西兰花、生菜、杭椒	病虫防治、测土配方施肥	技术培训、提供优良品种
刘玉林	决策者	西兰花、生菜、杭椒	病虫防治、农药使用	技术培训、提供优良品种
赵清珍	决策者	西兰花、大白菜、杭椒	病虫防治、测土配方施肥	技术培训、提供优良品种
李桂兰	决策者	西兰花	栽培管理、病虫识别和防治	技术培训、提供优良品种
高增全	决策者	西兰花	病虫识别防治、品种	技术培训、提供优良品种
王继青	决策者	西兰花、生菜、杭椒	病虫防治、品种	技术培训、提供优良品种
王满香	决策者	西兰花	病虫防治、品种、测土配方施肥	技术培训、提供优良品种
张银栓	决策者	西兰花、生菜、杭椒	病虫防治、品种、测土配方施肥	技术培训、提供优良品种
刘桂兰	决策者	西兰花、生菜、杭椒	病虫识别与防治、品种	技术培训、提供优良品种
王义华	决策者	西兰花、甘蓝、杭椒	栽培植保技术、测土配方施肥	技术培训、提供优良品种
马常红	决策者	西兰花、生菜、杭椒	病虫识别与防治、品种	技术培训、提供优良品种
王全旺	决策者	西兰花、生菜、杭椒	病虫防治、农药使用	技术培训、提供优良品种
闫桂莲	决策者	西兰花、生菜、杭椒	病虫识别与防治、测土配方施肥	技术培训、提供优良品种

（续）

姓　　名	在家庭中的关系	种植蔬菜种类	蔬菜种植生产上主要存在什么问题?	需要农业技术服务推广部门做什么?
郝书元	决策者	西兰花、生菜、杭椒	蔬菜种植技术、农药使用	技术培训、提供优良品种
李合青	决策者	西兰花、生菜、杭椒	病虫识别与防治、品种	技术培训、提供优良品种
赵金仓	决策者	西兰花、杭椒	病虫害防治、测土配方施肥	技术培训、提供优良品种
刘长在	决策者	西兰花、生菜、大白菜	病虫害防治	技术培训、提供优良品种

五、农民培训过程分阶段系统化评估方法研究报告

1 研究意义

2006 年北京市农民需求研究结果表明，生产一线农民普遍反映缺少技术培训，推广机构提供的技术与生产实际需求脱节；培训方式方法单一，农民接受程度低，培训效果差；同时，当前基层农业技术推广体系体制不顺和技术推广模式单一，也严重制约了农业技术推广和农民素质提升的发展速度和质量。

1.1 农民培训成果"数字化"的困惑：培训给农户带来了什么？

在许多新闻评论文章中，我们经常看到诸如此类的描述：某县通过某培训项目培训了多少多少农民，使当地的农民人均收入提高了多少元。仅仅从这样的数字描述中要反映出培训的实际效果让人感觉显得过于简单化。农民到底从培训中得到了什么？培训给农民带来了什么改变？遍查浩瀚的资料后我们却遗憾地发现很少有人从这方面进行过农民培训效果和影响的相关研究。而且，除去上述数字之外，往往估算增产的某个数字被用在很多不同的发展报告中，却没有人去探讨数字来源的真实性和可靠性。这些数字掩盖了农民培训的真正效果，也是农民培训质量得不到提高的原因之一。

在培训与农民收入增加关系方面，从来没有人去深入探讨增加的农民人均收入中到底有多少是由于培训因素带来的，又有多少是由于非培训因素带来的。对于一个社区而言，政府政策的变化、一个出色的致富带头人、年际间气候环境变化等因素都将带来社区收入的增加，而这些都不取决于培训因素。另外，也缺乏从农户、社区层次的微观角度对培训效果进行评估，例如在同一社区内那些没有参加培训的农民是否收入也增加了？与培训农民相比，他们的增加幅度如何，两者是否存在增幅上的差异性？参加培训农民中又是哪些人收入增加了？这些收入增加的人具有哪些特征？培训是否带来了社区的贫富分化？培训实施后，培训村与非培训村是否有收入上的差距？除了收入上的变化外，培训还给社区和农民带来了什么？等等。对于这些问题，目前少有深入的调查研究。

1.2　农民培训项目中标准化评估操作方法缺失

造成上述现象的主要原因是缺乏对农民培训项目标准化的评估操作方法。目前在农民培训评估领域，遍查中国主要的期刊杂志，却遗憾地发现很少有人从事过该方面的专门研究。在仅有的少量资料中，有的也更多停留在宏观层次，比如从组织上、政策上、制度上对"绿色证书"培训工程进行评估，或者是地方成功培训经验总结。从微观层次上，对单个培训项目如何开展培训评估，以及如何评判一个培训项目的优劣等方面，目前并没有学者进行深入探讨。

基于以上阐述，本课题的研究意义在于：农民培训评估方法是一个从无到有的过程。本课题通过实证研究，在该研究领域试图取得以下两方面的研究成果：一是培训效果的评估；二是通过评估方法的探索，包括农民培训评估的基本操作步骤和具体指标，为初步建立起一套操作性较强的农民培训评估方案做出贡献。这种评估不仅关系到对已有农民培训成绩的肯定，也牵涉到如何检验和提高培训质量以及指导以后培训的发展方向，因此具有重大的理论与政策意义。

培训过程评估是培训管理流程中的一个重要的环节，是衡量培训效果的重要途径和手段。本项研究以知识管理理论为基础，第一次应用系统化和知识与信息传播链的思想开展农民培训评估研究，是农民培训研究思路和方法上的一项创新。本项研究在总结目前所普遍应用的一些农民培训评估方法特别是农民田间学校评估方法的基础上，第一次提出了关于农民培训分阶段系统化评估方法和指标体系，它的提出和进一步完善将有助于农民培训评估规范化和科学化的运作、农民培训规范化管理和提高培训资金的使用效率。

2　研究的问题

（1）什么是培训效果？
（2）怎样才算是一个好的农民技术培训？
（3）如何开展农民培训效果评估？

3　研究目标

本课题研究目的是：通过对北京市郊区县农民科技培训项目、农民田间学校培训项目的不同农民培训项目的实证调查研究，从农户视角对农民培训效果进行评估和对比研究，并且从培训需求评估、培训过程评估、培训效果评估和培训影响评估四个方面探讨培训评估方法。简言之，本课题研究的目标是提高农民田间学校培训质量，促进培训规范化。本研究具体目标是：①从培训流程角度得出一套可实施的农民培训项目评估方法的简易操作步骤和指标；②在研究结果的基础上，对加强基层推广体系建设，提高村级推广员的业务水平，加强和完善我国的农业推广队伍建设提出相应的政策建议。

4 研究内容

（1）目前农民培训采用的培训模式。
（2）目前农民培训采用的培训评估方法。
（3）农民培训分阶段系统评估框架。
（4）农民培训过程评估指标和评估方法。

5 研究结果

5.1 农民培训采用的培训模式和评估方法

5.1.1 所采用的培训模式

本次调查发现，按不同培训者分类，北京市农民培训可以分为四种模式：

（1）专家培训模式。这种培训聘请大专院校、科研院所相关专家到社区中，以讲课为主，对有兴趣的农民进行知识传授。所采用的是教室内＋PPT的工具和传授方式。培训学员没有标准，数量不限，以教室的最大容量为限。在本次调查中，所访谈的新型农民培训属于这种培训模式类型。这种培训模式有利于知识型的传输，但不利于学员对技术的理解和应用。

（2）辅导员培训模式。这种培训是大部分田间学校采用的培训方式。当地政府农业技术部门安排农业技术员为辅导员，或者农民中有能力的种养大户担任辅导员，按照满足农民培训需求，解决农民实际问题的原则组织农民开展专题讨论，必要时辅导员给予讲解，或请相关专家对某个专题做辅导讲座。一般以一个生长季或一个生长周期为时间长度安排数次的培训课程，地点大部分选择在田间地头或便于实际操作的场地进行。这种培训有利于农民相互交流、学习，有利于理解和应用。但是，培训效果的好坏往往不是取决于辅导员的专业知识水平，而是受到辅导员培训理论与方法的掌握程度、与农民沟通能力和组织协调能力的限制。

（3）辅导员＋商业公司技术员培训模式。在本次调查中发现，大兴区青云店田间学校采取这种模式。本地畜牧部门的技术员近负责组织协调，将讲课和评估等工作交给投入品营销公司承担。这种模式比较适合于当地没有具备条件的辅导员和专家，而营销公司的技术员又有培训的经验的情况。一般来说是政府搭台、公司唱戏，可以收到双方满意的效果。但是，这种培训如果辅导员的组织协调能力不强，很难达到田间学校所预计的培训效果。

（4）技术员个体指导式培训模式。这种培训模式注重对农户的走访，利用技术员的观察和与个体农户讨论发现和解决问题。这种模式出现在科技入户培训类型居多。它的优点是有利于技术应用过程中与农户的直接交流和具体问题的处方式解决。缺点是不能启动农民相互学习的机制，对农民素质提高影响较慢。北京市农业局畜牧兽医站正在开展对科技入户技术员的培训，希望引入参与式小组工作方法，改进科技入户的培训质量。

5.1.2 所采用的培训模式

根据对北京市 9 个田间学校辅导员和 2 个科技入户辅导员问卷调查的结果进行统计，使用过的培训评估方法见图 1。

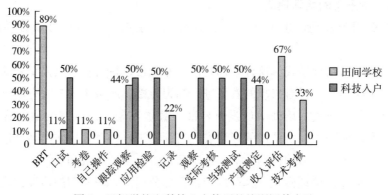

图 1　田间学校和科技入户使用的培训评估方法

图 1 显示，对北京市 9 个田间学校辅导员和 2 个科技入户辅导员采用多选问卷的调查结果，农民田间学校辅导员多采用 BBT 测试方法，占总体调查辅导员的 89％。有 67％的辅导员使用收入评估，44％的辅导员使用跟踪观察方法；44％的辅导员使用产量测定的方法；33％的辅导员使用过技术考核方法。另外，有两个辅导员使用记录的方法，一个辅导员使用口试，另一

个辅导员使用考卷方法。在调查的科技入户辅导员中，多使用口试方法、跟踪观察方法、应用检验方法、观察方法、实际考核方法、当场测验方法。

5.2 农民培训过程分阶段系统评估的概念和基本观点

5.2.1 农民培训过程分阶段系统评估的概念

农民培训过程分阶段系统化评估方法和指标体系指将培训根据实际流程分为需求评估、计划评估、实施评估和效果评估四个阶段分别进行评估。农民培训分阶段系统化评估方法和指标体系所采用的是参与式评估方法，是外部评估者、辅导员和农民依照所确定的指标开展对所开展的培训开展评估。这种评估的基本思路是理解率、应用率和效益率，即懂没懂、用没用和好不好的判断。

这种评估方法和指标体系改变传统效果评估只注重培训后评估的理念和做法，使评估按照培训不同阶段系统化的进行，贯穿于整个培训过程中。它有利于培训的规范化，有利于提早发现问题和解决问题。

传统农民培训的评估的概念将培训往往集中看作为办培训班的几天或几个小时的活动，实际上，在农民技术培训的整个技术信息传播链中，办培训班的时间或开展培训活动的时间段仅仅是那么培训的一个节点。完整的农民培训是从培训需求调研和分析开始，然后依次开展培训计划的制定、培训学员和地点的选择、培训师资的落实，然后才是培训计划的实施（培训班或活动日），接下来是培训对象的跟踪监测，包括培训的技术是否得到了应用，应用的程度如何，是否由于技术的应用得到了增产增收等目标。在这个过程中，培训监测评估的具体内容是在培训需求调研分析结束后进行培训需求评估；在培训活动结束后进行知识技能评估；过一段时间根据具体培训内容开展技术采纳应用评估，然后进行某产业的产量质量评估，最后进行农民收入评估。从培训需求到收入评估是一个分阶段系统评估的过程。因此，研究发现，农民培训的规范化应该首先体现在农民培训评估从点到线的变化（图2）。

研究发现，田间学校较好的培训效果来自于培训过程中有效的知识信息传播链。这种传播链主要表现为培训需求—培训计划—培训实施的过程中，培训效果表现为技术理解率、技术应用率和效益率上。良好的培训效果并不一定会表现为农民在某种产业上的增收结果，但增收培训效果可能是培训过程的效果积累和最终结果。

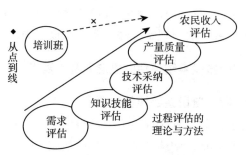

图2　农民培训评估从点到线的变化

5.2.2　农民培训过程分阶段系统评估的基本观点

农民培训分阶段系统化评估的基本观点：①农民技术培训与学校教学不同，农民技术培训不是知识点的教与学，最终效果不仅仅是增加知识，而是一个基于实际生产的需求、学习、理解和应用几个关键节点紧密联系的效果链；②农民技术培训课程（培训班）仅是农民技术培训的一个环节，是获得理想的最终培训效果的基础。培训课程（班）结束不是培训的结束；③培训效果分为过程培训效果和最终培训效果，过程培训效果是培训不同环节的目标实现结果（知晓、理解、记忆、应用），最终培训效果是指培训目标实现的最终结果（规模、产量、品质和收入水平）；④农民技术培训课程的结束不能检验农民技术培训的整体效果（BBT≠最终培训效果）；⑤效果不好的农民技术培训班一定不会带来理想的最终效果，效果好的农民技术培训课程会有助于但不一定会带来收入的增加；⑥农民技术培训是从需求到收入等分阶段系统化的监测评估的综合分析结果。

5.3　农民培训过程分阶段系统评估的指标和方法

5.3.1　农民培训过程分阶段系统评估的指标

农民培训过程分阶段系统评估为三级指标和一个文本。一级指标将培训分为四个阶段开展评估，即需求评估、计划评估、实施评估和效果评估。这里的效果指培训的最终效果。然后根据这四个阶段包含的内容细化，分为二级指标和三级指标。二级指标是对一级指标的细化，三级指标是对二级指标的细化。最后每个阶段要检查具体的文本，需求评估的实际操作是检查培训需求评估报告；计划评估的实际操作是检查已经制定的培训计划；实施评估是检查辅导员的课程计划（在农民田间学校中是辅导员的日志）与培训结束后辅导员提交的培训报告；效果评估的实际操作是按照二级指标中的理解率

（懂没懂）检查培训活动刚刚结束时的测试结果，可以成为培训现场评估记录；应用率（用没用）检查培训活动结束一段时间后的跟踪调查后的技术应用评估报告；效益率（好不好）检查应用技术后表现的培训效益评估报告。根据具体情况，培训效益报告一般需要对培训对象进行有无和前后对比的取样方法分别进行分析，才能反映最终结果（表1）。

表1　农民培训过程分阶段系统评估的指标体系

一级指标	二级指标	三级指标	评估文本
需求评估	需求调查计划	时间、地点、调查者、调查对象样本的代表性和内容	培训需求评估报告
	需求调查方法	参与式农村评估工具及其应用 问卷与半结构访谈	
	需求调查过程	与农民沟通方法	
	需求调查分析	培训间距和问题排序	
计划评估	确定培训对象	性别与特征，从事同类生产经营的农民	培训计划表
	确定培训内容和方法	与农民需要解决的问题的联系	
	确定培训教师	辅导员和技术员安排的理由	
	确定培训时间和地点	有利于农民的学习安排	
实施评估	培训方法的适应度	内容与方法的适应性 讲课和其他培训方法的比例分配	课程计划与培训报告
	学员课堂参与度	提问与回答问题的次数及讨论与操作程度	
	培训材料与教学辅助设备的适应性	发放图画＋文字的材料或光盘	
	课后作业与应用安排	总结技术要点，定性和定量要求	
效果评估	理解率（懂没懂）	学员知识增长率（BBT）	培训现场评估记录
		理解程度（小组操作评价）	
	应用率（用没用）	技术应用过程记录	技术应用评估报告
		跟踪观察与指导记录	
		专项技术的"H"形评估图	
	效益率（好不好）	经济指标：前后、有无对比结果	培训效益评估报告
		种植业：产量提高率、成本降低率、收入提高率	
		养殖业：准胎率、产子率、成活率、出栏率、发病率、成本降低率、收入提高率	
		经营管理水平（产出效率）	
		独立获取信息、自我组织与自我决策能力	
		学员对培训的满意度	

5.3.2 农民培训过程分阶段系统化评估的应用方法

农民培训分阶段系统化评估方法的应用采取按指标打分方法，具体可以分为外部评估和内部评估两种。

5.3.2.1 内部评估

内部评估是指辅导员自己在培训的四个阶段每阶段完成之后所进行的自我监测检查核实活动。内部评估更多的是指自我监测。内部评估中的需求评估和计划评估阶段由辅导员自我检查核实，除去效果评估总分为 300 分外，每个阶段 100 分为满分。实施评估和效果评估阶段由辅导员使用根据"H"图这个参与式评估工具演变而来的"培训学员小组评估表"对农民学员小组通过可视化主持（辅导员使用大白纸、记号笔在 8～10 人小组前面主持评估过程）进行评估，最后每个小组完成一个培训学员小组评估表后由辅导员汇总，将得分结果换算成为培训过程评估打分表中的对应理解率、应用率和效益率各 100 分的分值和全汇总分值的标准填入表格内（表 2 和表 3）。内部评估表提供辅导员自己应用参考。

表 2 培训过程评估打分表

一级指标	二级指标	总分	三级指标（内容）	权重分值	内部评估方法	外部评估方法
需求评估	需求调查计划	25	调查区域确定与调查对象选择理由	10	辅导员自我核实	培训需求评估报告（100）
			调查内容确定的合理性	15		
	需求调查方法	25	半结构访谈	10		
			问题分析	15		
	需求调查过程	25	调查时间和实施程序安排	25		
	需求调查分析	25	培训题目优先序和培训间距分析	25		
计划评估	培训对象	25	与培训内容相适应的性别与特征	25	辅导员自我核实	培训计划表（100）
	培训内容和方法	25	内容：与农民需要解决的问题的联系	5		
			方法：与需求适应性程度	20		
	培训教师	25	辅导员的任务安排	25		
	培训时间和地点	25	农民学习安排的适应性	25		

（续）

一级指标	二级指标	总分	三级指标（内容）	权重分值	内部评估方法	外部评估方法
实施评估	培训方法适应度	60	培训中内容与方法的适应性	30	学员H图	课程计划与培训报告（100）
			讲课和其他培训方法的比例分配	30		
	学员课堂参与度	20	提问及回答问题的数量和讨论记录	20		
	培训材料适应性	10	发放图画＋文字的材料或光盘	10		
	课后作业安排	10	知识技能要点	10		
效果评估	理解率（懂没懂）	100	学员知识增长率（BBT）	50	学员H图	培训效益评估报告（300）
			理解程度（小组操作评价）	50		
	应用率（用没用）	100	技术应用的学员数和技术种类（分数）	60	记录	
			技术应用过程记录	20	学员H图	
			跟踪观察与指导记录	20		
	效益率（好不好）经济指标：前后、有无对比结果	100	目标产业产量质量提高率	60	学员H图	
			目标产业收入提高率	40		

注：对评估报告中各阶段效果的原因分析不记入评估打分范围内。

表3　培训学员小组评估表

评价指标	基本含义	程度打分										个人结论			小组结论
		1	2	3	4	5	6	7	8	9	10	非常	一般	不	
需求率（是，不是）	对培训内容设置的满意度														
理解率（懂，没懂）	对培训内容理解的满意度														
应用率（用，没用）	专项技术的应用效果满意度														
效益率（好，不好）	目标产业产量质量增加满意度														
	目标产业收入增加满意度														

5.3.2.2 外部评估

外部评估是外部评估者（领导或专家组）进行的阶段评估，评估的依据是四个阶段的报告文本（表2的最后一栏）。表3培训学员小组评估表也可以用于外部评估者使用。一般情况下，外部评估者更多的是培训最终效果的文本评估。当外部评估者需要进行现场评估（例如现场观察和半结构访谈），可使用培训过程中现场评估打分表（表4）。外部评估表提供外部评估者应用参考。

一般来说，系统跟踪评估方法的指标包括：①培训中的技术要点；②农民理解的程度；③农民应用的程度；④取得的效益程度。

表4 培训过程中现场评估打分表

一级指标	二级指标	内 容	评估权重分数	总分	评估方法/工具
需求评估	需求调查过程	与农民沟通方法	100	100	观察
计划评估	培训计划	培训计划的适应性	100	100	二手资料：需求评估报告
实施评估	培训方法的适应度	讲课技巧	15	100	观察
		主持技巧	15		
	学员课堂参与度	讨论	10		
		提问	5		
		合作	5		
	培训材料与教学辅助设备的适应性	发放图画＋文字的材料或光盘	25		
	课后作业与应用安排	知识技能要点	25		
效果评估	理解率（懂不懂）	学员知识与技能增长率	100	100	BBT
	应用率（用没用）	农民反馈的技术应用的学员数和技术种类（分数）	60	100	半结构访谈：学员 二手资料：培训报告
		技术应用过程记录	20		
		跟踪观察与指导记录	20		
	效益率（好不好）	目标产业产量质量增加满意度	60	100	半结构访谈：学员 二手资料：培训报告
		目标产业收入增加满意度	40		

5.3.3　一个农民培训系统化跟踪评估的案例

调查中发现，虽然是跟踪观察，但多数辅导员并没有一个系统的跟踪观察评估计划。更普遍的一种认识是：培训是一个工作，跟踪观察是另外一个工作。特别是当将田间学校和科技入户培训相比较时，许多人很难将科技入户纳入培训中，因为科技入户其实并不习惯于进行小组活动，而更多的是个体农户走访，通过技术员的观察和与农户的讨论解决农民的实际问题。人们往往将这种活动称为技术指导或技术服务，而不是培训。

当讨论培训评估的时候，人们很自然地联想到实际应用过程，但在培训与应用之间并没有建立一种必然的联系和相应的辅导措施。也就是说，应用程度很难与某一次培训内容有意识地联系起来。因此，如果没有这种有意识的联系，就很难将产量和收入的提高与某一次培训或某些培训相联系，因为某一次培训其实并不能直接带来产量和收入的直接变化。

针对上述分析，调查组对大兴田间学校（青云店与大北农合作）奶牛热应激专题培训后的效果进行了跟踪评估，所采用的方法是外来评估者参加一次具体的培训活动过程，也就是参加到培训班中做观察员，记录培训的整个过程。然后根据在培训班中所讨论的技术内容确定评估应用程度的时间。外来评估者在参加大兴田间学校（青云店与大北农合作）奶牛热应激专题培训后制订出跟踪评估计划。在下次培训开始时，外来评估者参加，首先向学员提出了预先准备的问题，即"您是否应用了上次培训讨论的技术？如果应用了，应用的是哪种技术？有什么效果？"要求学员在相互不讨论的情况下用卡片写出自己的答案，然后评估者进行统计。结果见表5。

表5　大兴田间学校（青云店与大北农合作）**奶牛热应激专题培训后评估结果**

学员编号	应用了所学技术人数	应用的技术名称								
		饲料添加剂	通风	水淋降温	清洁	饮用清洁水	排风扇	晚间多喂	提供多维饲料	脂肪粉
合计	16	1	4	9	1	1	8	2	1	2
％	94	6	24	53	6	6	47	12	6	12

表5说明，在所调查的参加过上一次奶牛热应激专题培训的17名学员中，有16名学员回答应用了上一次培训的技术，即占94％的学员应用了所学技术。其中应用较多的技术中，有9位学员应用了水淋降温技术，占学员数量的53％。其次，是排风扇技术，占学员数量的47％。再有就是通风技

术，占学员数量的 4%。其余的技术应用比较分散。通过评估可以看出，在所讲的针对奶牛热应激 10 种左右技术中，应用比较广泛的技术仅有水淋降温和排风扇两种技术。应用之后的效果分别是产奶量平稳、牛降低热度、采食量增加。其中只一户没有应用技术的回答是因为没有时间。

根据这种评估结果，接下来辅导员需要做的工作就是对评估结果进行分析并制定进一步培训方案。

六、农民培训模式
分阶段系统比较
评估报告

在北京市科委、北京市农业局各级领导特别是农业局科技处领导的支持下，由中国农业大学人文与发展学院王德海教授和多名研究生和本科生组成的调查组按照培训过程评估框架对北京市农民田间学校、科技入户和新型农民培训三种培训类型从培训需求、计划、实施、效果四个方面进行了分阶段系统评估。

1 研究目标

通过对北京市农民田间学校从培训需求、计划、实施、效果四个培训过程的关键节点进行系统评估，并辅以科技入户和新型农民培训两种类型进行比较，为进一步有针对性地规范农民培训程序和方法，采取必要措施增强培训效果提供依据。

2 研究方法

2.1 培训过程评估框架

培训过程评估框架是一种根据知识信息传播链理论所开发的一套农民培训分阶段系统化评估方法和指标体系。这种评估方法和指标体系将农民培训根据实际流程分为需求评估、计划评估、实施评估和效果评估四个阶段分别进行评估。

这种评估方法和指标体系改变传统效果评估只注重培训后评估的理念和做法，使评估按照培训不同阶段系统化的进行，贯穿于整个培训过程中。它有利于培训的规范化，有利于提早发现问题和解决问题。

农民培训分阶段系统化评估方法和指标体系所采用的是参与式评估方法，也就是说，是外部评估者、辅导员和农民依照所确定的指标开展对所开展的培训开展评估。这种评估的基本思路是理解率、应用率和效益率，即懂没懂、用没用和好不好的判断（图 1）。

2.2 具体研究方法

本研究以参与式农村评估的方法为指导，按照培训过程评估框架对农民培训的过程和效果采用分阶段系统评估方法，即将培训过程分为培训需求、培训计划、培训实施和培训效果四个阶段进行评估，看每个培训在不同阶段的做法和反应情况，以农民个体和小组意见、辅导员意见为基本依据对培训

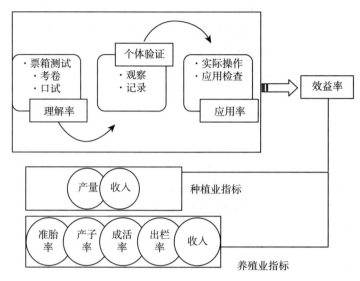

图 1　农民培训分阶段系统化评估方法和指标体系

的过程和结果进行整体评估分析，强调在实地研究过程中农民的参与、自我分析以及能力建设，力求做到所得到的评估结果真实、可靠。资料收集采用了问卷、访谈、案例分析和二手资料收集的方法。

本次研究在 2007 年 7—8 月进行，研究范围确定在通州区、大兴区、顺义区 3 个区进行。接受调查问卷和参加小组访谈的农民（包括培训学员、非培训学员）分布于北京市 3 个郊区 11 个乡镇 43 个村。研究主要基于便于当地安排的随机抽样原则，将问卷和半结构访谈相结合，对北京市通州、大兴和顺义 3 个郊区 11 个乡镇 43 个村庄的 12 个培训单位，包括 8 个田间学校（种植业 5 个、养殖业 3 个）、3 个科技入户培训单位（种植业 1 个、养殖业 2 个）和 1 个新型农民培训单位。问卷调查主要在各村村委会和田间大棚内外进行，根据具体情况将农民集中或分散，开展研究活动。

本次在北京市的 3 个区县研究采用问卷访谈和小组访谈两种形式合计共调查了 12 个培训单位，其中 8 个田间学校（种植业 5 个、养殖业 3 个）、3 个科技入户培训（养殖业 3 个）和 1 个新型农民培训（种植业）。实际问卷调查每个培训单位平均为 11 人，最少为 7 人。调查问卷样本量合计为 194 人，其中学员为 120 人、非学员为 61 人、辅导员 13 人。大部分小组访谈的对象与调查问卷为同一小组的农民，访谈主要在各村村委会进行。由于科技入户和新型农民的实际调查样本量偏少，因此在本报告中仅供参考。

农民小组访谈基本以男女混合组为主进行。同时注意到了男女适当的比例分配。访谈中包括了部门领导、农业技术人员、村组长、专业大户、示范户和一般农民代表。本次在北京市的 3 个区县研究（包括培训学员、非学员和辅导员）的访谈样本量合计为 209 人，其中男性 120 人、女性 89 人；学员为 157 人、非学员为 39 人、辅导员 13 人。所有调查数据采用 EXCEL 和 SPSS13.0 工具进行统计分析。

3 研究发现

3.1 需求评估

农民田间学校采用三种需求调查方法和多种 PRA 工具开展需求调查。培训需求调查是开展培训的基础。评估结果表明，所调查的农民田间学校都进行了需求调查。需求调查采用的方法为调查问卷、个体访谈和小组访谈相结合的方法。在开展小组访谈中采用了问题树、资源图、H 图和打分排序等参与式农村评估工具。

对辅导员的调查发现，田间学校开展需求调查时调查选择的对象包括：多数为从事同类生产经营活动的农民（占 78％的农民），除此之外，还有村中专业大户、村组长、一般农民代表。在需求调查中，一些田间学校的辅导员走访农业技术员，个别田间学校还访问了上级领导。

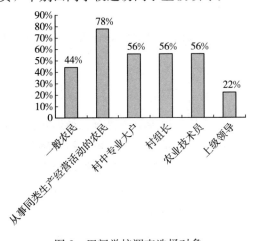

图 2　田间学校调查选择对象

在田间学校开展的需求调查中，在调查对象的选择上，辅导员对兼顾男女农民（一般为3：1）、示范户与非示范户农民、贫困户与富裕户农民的代表性上有基本的认识。有的也考虑主要种植品种、耕地面积等因素。

通州区永乐店镇北地寺村万全生猪田间学校是一个典型代表。赵万全是一个养猪专业户，在政府有关部门的支持下，他自己办起了田间学校，用问卷的形式开展培训需求调查。为了使得田间学校能够帮助养猪户解决实际问题，赵万全设计30份调查问卷，让以前认识、经常咨询自己的养猪户拿着调查问卷，去找他们周围的养猪农户填写。调查后，共收回调查问卷27份。通过对问卷的分析，他从中挑选出25人作为田间学校的第一批学员。后来，有3名农户听说赵万全开办农民田间学校的消息，主动前来报名。现有学员28人，其中女性学员1名。学员来自3个镇11个村，最远的学员家距离上课地点10公里。

实践表明，辅导员或培训教师直接实施对学员的培训需求调查活动，有助于提高根据学员的需求确定培训内容的针对性。

培训需求排序往往是确定培训内容和时间前后的重要依据之一。通过对所调查的8个田间学校的调查结果表明，在调查中对培训需求进行排序的田间学校占全体调查对象的约90％。大兴区榆垡镇西黄垡村西甜瓜田间学校的需求分析的方法用了问题树、重要性排序调查，之后按照需求制订培训计划。

调查结果显示，所有农民田间学校都有培训需求分析的书面报告。

3.2 计划评估

3.2.1 辅导员

在京郊调查的3个区县，辅导员主要有三种形式：①政府人员以及牵头聘请的专家担任辅导员，尤其是县乡级的植保站和兽医站。②种养大户担任辅导员，主要是在当地有一定威望，实际操作经验丰富的农民。在参加培训的过程中，这部分农民也扮演了重要的角色，例如担任培训班班长或小组长。③农场主或者涉农企业参与农民培训，例如通州区的万全生猪养殖场的赵万全，大兴区的义鹏奶牛养殖场和大北农饲料集团。

根据对13个辅导员的调查，辅导员可以由大专院校科研院所聘请的专

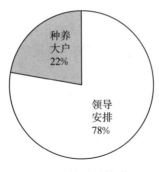

图 3　辅导员构成

家、政府相关部门技术员、种养大户等来担任。调查结果显示，田间学校辅
导员中的 78％为政府部门技术员，22％为种养大户。多数辅导员是由上级
安排技术员担任的工作。

　　在所调查的 3 名科技入户辅导员中全部为政府部门技术员。

通州区永乐店镇北地寺村万全生猪田间学校

　　赵万全于 1981 年毕业于北京农业职业学校，分配到北京市丰台区畜
牧水产局，1987 年调到北京市花香农业总公司工作，1996 年退出公司，
着手建立万全生猪养殖场。目前该养殖场一期的规模达 3 000 头（母猪
300 头），养殖场二期正在修建之中，一个月之内将完工。预计二期合计
将达到约 7 000 头（母猪 700 头），有望上万头的规模。赵万全说：一是
自己大学期间学的就是畜牧专业，比较喜欢。能帮助养猪的农民解决一
些实际问题并得到他们的认可，对自己而言是一种成就感。二是自己养
猪的规模大、时间长，市区级领导都给予了一定的政策支持（例如拨款
14 万元处理污水）。希望通过农民田间学校，把上级领导的关心传达给
农民。一方面作为政府和农民的一道桥梁，另一方面对社会也是一种
回报。

　　田间学校辅导员中 56％为大学以上，44％为高中和中专。

3.2.2　学员

　　田间学校中学员的选择程序以自己申请和上级通知为主。将三种培训形
式进行比较，田间学校培训中学员主动申请接受培训的比例最高。田间学校
的学员通过上级通知的学员占总学员数量的 38％，自己申请的占 52％，农

民推荐的占 10%。

田间学校学员参加培训前听说培训的途径主要有三种，有 56%的学员是通过村委会通知，22%是通过政府推广机构得知的消息，12%是通过邻居得到的消息。

有 68%的非学员听说过田间学校培训的消息。在没有参加田间学校培训的农民中，31%是没有机会参加，24%是没听说，24%是没时间。

通过非学员对培训内容的了解程度的调查得知，在没有参加田间学校培训的农民中，有 14%的非学员表示非常了解，33%的非学员表示完全不知道所培训的内容，29%表示仅仅听过名字，24%只知道大致情况。

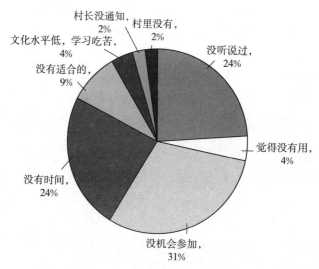

图 4 非学员没有参加田间学校培训的原因

培训学员的选择标准：

通州区永乐店镇大务村黄瓜农民田间学校

- 菜地多
- 有大棚/温室
- 有积极性
- 能干、愿意学
- 接受能力强

顺义区大孙各庄镇绿奥农民田间学校

- 有积极性

- 有一定的文化基础
- 有一点栽培管理基础
- 年龄 60 岁以下
- 有一定的种植规模

学员的年龄没有限制。在所调查的 120 名学员中，发现对参加培训学员的年龄并没有限制。最小年龄为 30 岁，最大年龄为 65 岁，年龄均值为 46 岁（表 1）。

表 1   学员的年龄统计

被访者类型	年龄均值（岁）	样本量（人）	最小年龄（岁）	最大年龄（岁）
学员	46.41	120	30	65

在田间学校、科技入户和新型农民三种培训类型的学员中，男性占 57%、女性占 43%。

田间学校、科技入户和新型农民培训的学员文化程度比较相近，初中和以上文化程度的学员占多数，在 60% 以上。在田间学校的学员中，以初中文化程度为主，占 62%，高中和中专文化程度占 22%，小学占 15%，文盲仅占 1%。

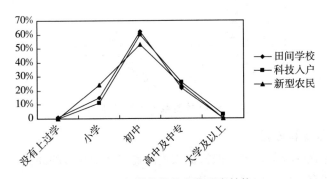

图 5   田间学校学员文化程度结构

将从事种植业和养殖业的学员与非学员的 92 名农民代表进行比较，学员的平均种养年限为 11 年，非学员的平均种养年限为 12 年，其总体差异不大。在田间学校培训中，种植业学员的实际生产年限为 14 年，养殖业为 8 年，两者相差 6 年；在种植业中，学员与非学员没有差异（表 2）。

表 2　学员与非学员实际从事的种植业或养殖业的年限统计表

种养分类	被访者类型	样本量合计（名）	种养年限平均（年）	最小值（年）	最大值（年）
种植业	学员	14	13.93	1	45
	非学员	46	13.63	2	40
	学员＋非学员	60	13.70		
养殖业	学员	21	8.67	3	20
	非学员	11	6.82	2	10
	学员＋非学员	32	8.03		
总计	学员	35	10.77	1	45
	非学员	57	12.32	2	40
	学员＋非学员	92	11.73		

在家庭收入结构上，无论学员还是非学员，家庭最大收入来自种植业，其次为养殖业。

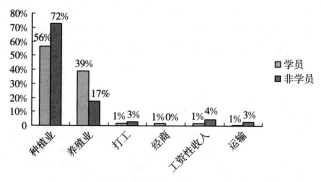

图 6　家庭收入来源差异

3.2.3　培训课程设置

培训课程内容的设置一般根据农民的需求和辅导员的经验决定，不同培训学校之间有一些细微差别（表 3）。

表 3　培训课程内容的设置方法

田间学校名称	课程设置方法	说　　明
大兴区北臧村镇赵家场村西瓜田间学校	培训的内容根据当时的研究和辅导员自己的经验来设计	一共培训了两期，一期 10 节课，在每期开始之前制定出这一期的总计划，在实际进行中根据变数进行改动

（续）

田间学校名称	课程设置方法	说　明
大兴区榆垡镇西黄垡村西甜瓜田间学校	培训内容的设计根据前期的调查，90％按农民的需求，10％按自己的经验来讲授	每期之前做好计划：大纲。包括预计到可能出现的问题，在实际讲课时根据情况有所改动
通州区永乐店镇北地寺村万全生猪田间学校	生猪养殖方面内容由辅导员确定	如果想听的内容课表中没有，下课后直接问辅导员，现场解答
顺义区大孙各庄镇绿奥田间学校	根据作物生长期和农民提出的问题来制定内容	

用卡片收集学员印象最深的一次课，结果见表 4。

表 4　学员印象最深的一次课

农民田间学校名称	农民反映印象最深的一次课的内容
通州区永乐店镇大务村黄瓜田间学校	● 测土施肥 ● 病虫害防治 ● 黄瓜栽培管理
通州区永乐店镇北地寺村万全生猪田间学校	● 哺乳母猪生产过程 ● 断奶饲养管理 ● 猪瘟蓝耳伪狂犬的防疫；猪舍消毒 ● 猪病防疫
大兴区北臧村镇赵家场村西瓜田间学校	● 去顺义参观学习 ● 田间的实地测试 ● 课堂上品尝西瓜测量糖分
顺义区大孙各庄镇畜牧养殖（生猪）田间学校	● 猪拉稀； ● 打针次数不要过勤 ● 仔猪认料方法
顺义区大孙各庄镇绿奥田间学校	● 动手制作黄板 ● 土壤消毒，根结线虫的防治 ● 识别益虫（七星瓢虫）和害虫（二十八星瓢虫）
顺义区北务镇阎家渠村温室番茄田间学校	● 根结线虫防治 ● 番茄授粉

从学员印象最深的一堂课可以看出，对农民印象深刻的主要是与生产实际相关的，实际操作强而且更重要的是农民最关心的一些问题。

参加农民田间学校的农民对培训前后的反映：

农民反映：
培训前任其自然开花，开多开少不能控制；培训之后知道根据不同时期的情况买什么药可促进开花。

农民反映：
培训前打药也能治虫，但有药物残留；培训后使用黄板基本能代替打药。

农民反映：
原先猪一生病就知道打针，后经过田间学校的培训得知，给猪吃点抗生素类添加剂就管事，而且降低了成本。预防比治疗要节省70%～90%的成本。

农民反映：
培训之前不能区分这两种虫，也不知出现哪种虫时该打药，出现哪种虫时不该打药。培训之后明白了只有看到二十八星瓢虫时才打药。

农民反映：
培训前打药打不死；培训后明白了采用福气多，75元/袋，500克/袋，一亩地3袋，从药店能买到。或者使用仙客1号番茄新品种，抗线虫病。

农民反映：
培训前往猪的脖子上打针，培训之后知道应该腹腔注射。

农民反映：
培训前根本不认识根结线虫，误认为是自然长的肿瘤；培训之后知道使用福气多农药防治，并且从农业局和植保站能买到。

农民反映：
培训之前猪发高烧打3次针，培训之后只需打1次针。

农民反映：
培训之前认为仔猪大一点就会自己断奶吃饲料，培训之后知道给母猪减料，母猪奶少了，仔猪就会吃饲料。

3.2.4　培训时间

培训时间和地点主要是通过对培训辅导员的调查实现的。调查发现，辅导员认为确定比较合适的培训时间需要考虑两个方面的重要情况，一是农时季节，二是要考虑农民的作息时间。所有辅导员认为农民培训一次最好不要超过半天的时间。田间学校辅导员均认为农民培训一次的时间以1小时到半天为宜。

3.3 实施评估

3.3.1 学员培训出勤率

田间学校学员能够做到 100％出勤率的学员比例为 57％，有 42％的学员偶尔缺课。辅导员报告：学员平时缺勤率为 20％～30％。调查显示，学员缺课主要有两种原因：没有听到通知（田间学校中占缺课人数的 21％）和自己有事不能上课（占 79％）。调查中发现，学员由于没接到通知而耽误了上课的原因主要是一些培训班的培训时间不确定，因此需要临时通知，学员才能上课。这种安排不利于学员提早对上课时间做出安排。

从研究结果来看，学员参加培训的出勤率比较高，经常缺课的人数田间学校仅占 1％。在缺课原因中，由于没有接到培训更改时间而缺课应该引起培训者的注意。培训时间应该尽可能固定，或者更改时必须通过电话提前通知到每个学员本人。

3.3.2 学员课堂参与度

农民学校培训中有 85％的学员在培训过程中积极发言回答问题。

有 86％田间学校学员在无法理解培训内容时的反应是问辅导员，10％的学员选择问其他学员。三种类型的培训的答案相似。当学员无法理解培训内容时的解决方法，大部分农民是问辅导员。89％的田间学校辅导员认为，课后仍然有机会与学员进行交流。

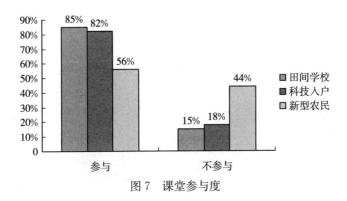

图 7　课堂参与度

3.3.3 培训材料

在所调查的田间学校辅导员中有 63％的人认为发放培训材料有必要，而科技入户和新型农民培训中 100％的辅导员认为有必要。有 71％的农民田间学校学员反映在培训过程中发放培训材料。

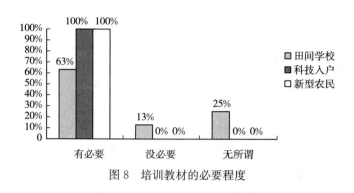

图 8　培训教材的必要程度

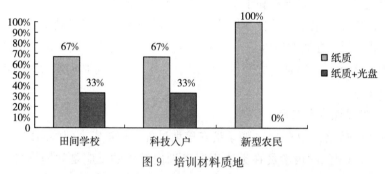

图 9　培训材料质地

有 96% 的学员认为农民田间学校所发的培训材料很实用，科技入户培训中此比例为 94%，而新型农民培训为 100%。

100% 的农民田间学校的辅导员都发过学习材料，其中，田间学校所发的材料中，67% 为纸质材料，33% 为纸质和光盘两种。科技入户为与田间学校相同，而新型农民 100% 都为纸质材料。

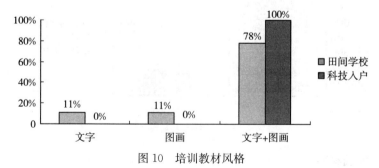

图 10　培训教材风格

多数农民田间学校辅导员认为，好的培训材料最好是文字和图画的结合。

3.3.4 培训方法

在农民田间学校培训中使用比较多的培训方法依次为小组讨论、讲课、田间课堂、游戏、实地考察、案例分析、研讨会和角色扮演。

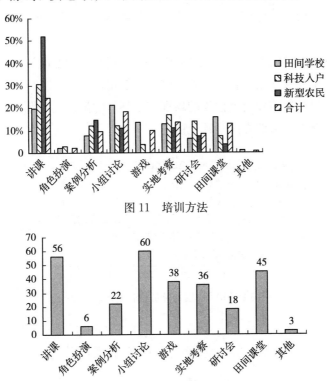

图 11　培训方法

图 12　田间学校培训方法

农民田间学校使用的培训方法的特点最突出的是小组讨论、游戏和田间课堂，而技入户和新型农民培训更突出的是讲课。

农民学员喜欢的培训方法按得票多少排序为讲课、实地考察、小组讨论、案例分析、田间课堂、研讨会、游戏和角色扮演。

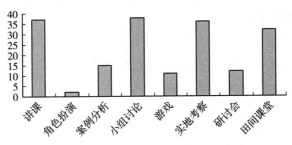

图 13　田间学校培训方法学员喜好程度

农民田间学校学员喜欢的培训方法排序为小组讨论、讲课、实地考察和田间课堂。

辅导员用过的培训用具根据培训形式的不同有所不同。田间学校包括大白纸、实物、投影、黑板、白板、卡片；科技入户包括投影、黑板、实物、卡片和大白纸。

根据对辅导员的调查，田间学校辅导员最擅长的培训方法是与学员讨论、实际操作及与理论结合三种方法的综合使用。

农民田间学校辅导员最擅长的培训方法是与学员讨论问题，新型农民培训辅导员最擅长的培训方法是理论讲解。

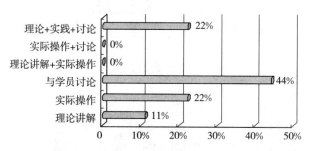

图14　田间学校辅导员擅长的培训方法

通州区永乐店镇大务村黄瓜田间学校

授课方式：50％室内、50％室外。室内室外交叉授课最好。理论和实际相结合，并且相互对照，学员记忆深刻。辅导员：带着问题上课。征对问题上课，上课的时候首先由学员把问题提出来，能解决的，辅导员当时就解决；不能解决的，辅导员会去问别人或者上网查询，知道答案后再告诉学员。辅导员把自己的电话留给了学员，农民利用电话询问问题。

3.3.5　实际操作作业

田间学校经常给学员留作业的辅导员占所调查辅导员总数的1/3。有11％的辅导员没留过作业。所有被访问的培训辅导员都开展了相应的跟踪服务活动。

3.4　效果评估

3.4.1　理解率

当培训结束后，学员能够听懂多少是一个检验培训辅导员的辅导效果和学员学习效果的基本指标。

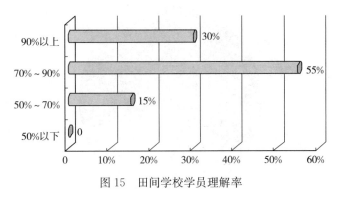

图 15   田间学校学员理解率

通过对北京市三个郊区县参加访谈的 80 名田间学校学员以无记名方式在卡片上写下理解培训内容的比例统计表明，田间学校有 30％的学员的理解率在 90％以上，55％的学员理解率为 70％～90％，有 15％的学员的理解率为 50％～70％。

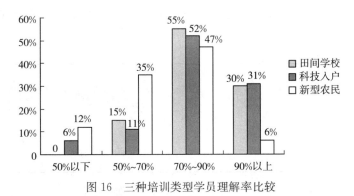

图 16   三种培训类型学员理解率比较

三种培训类型比较，田间学校学员理解率的比例高于其他两种类型的培训。

对 7 所田间学校的 80 名学员的访谈调查结果，学员能听懂 70％以上培训内容的占 93％，能听懂 80％以上培训内容的人数占 81％。

BBT（票箱测试 Ballot box testing）是田间学校检验学员知识水平变化的主要方法。

每道题的选项分别用红、黄、绿三种颜色示意，农民学员认为哪种颜色代表的选项正确，就撕下相应颜色的纸片，写上自己的学号，投入到答题票箱，依次答完 20 道题，测试要求在田间现场进行。测试方法形象、直观、

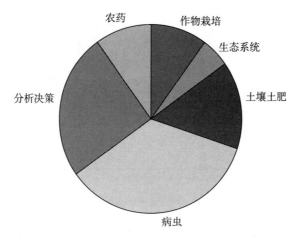

图 17   BBT 测试各种试题所占比例

简单，针对不同文化程度的人都方便应用。根据北京市农业局植保站的统计结果，通过 BBT 测试结果显示，通过训后训前测试成绩对比，发现农民田间学校学员知识水平测试平均成绩提高 41%，其中粮改菜的新菜农提高幅度最大，达 175.0%。

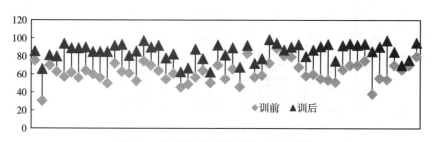

图 18   田间学校学员培训前后知识变化

调查数据显示，田间学校学员在培训刚开始和培训结束之后知识明显增长。农民田间学校学员知识水平测试结果表明，成绩由训前的平均 62.2 分提高到训后的 85.1 分，平均提高 40.3%。

田间学校学员认为不能完全理解培训内容的原因主要是自身文化素质低，缺少必要的实践环节和培训时间短。三种培训类型比较学员对于不能完全理解培训内容的原因分析说明，学员认为造成不能完全理解培训内容的主要原因主要有两个方面，一是农民自身文化素质低；二是在培训过程中缺少必要的实践环节。在新型农民培训中，缺少必要的实践环节的问题显得更加突出。

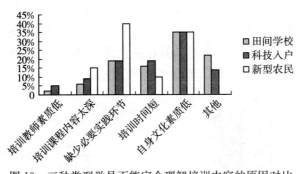

图 19　三种类型学员不能完全理解培训内容的原因对比

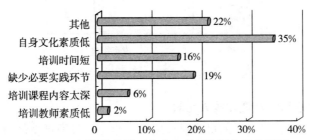

图 20　田间学校学员不能完全理解培训内容的原因

3.4.2　应用率

农民在接受培训之后是否能够将所学的技术应用到实践中去是另一个重要的培训评价指标。调查显示，有 97％的农民田间学校学员培训后应用过所学技术。

与科技入户和新型农民培训比较，田间学校的应用率最高。约 80％的学员技术应用率都在 80％以上。

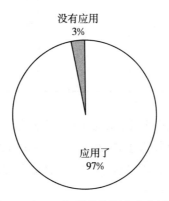

图 21　农民田间学校培训内容应用率

通州区永乐店镇大务村黄瓜田间学校 11 个学员对所培训的技术全部应用。顺义区大孙各庄镇科技入户示范户：三年内所学到的技术包括去势（公猪节育）、脐疝手术、母猪前腔动脉血的使用方法、人工授精、早期断奶、粪便处理和伪狂犬净化（疫苗免疫）全都用过。

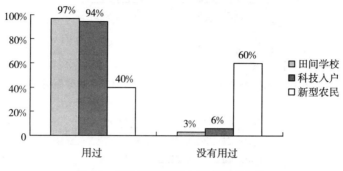

图 22　三种类型培训内容应用率比较

3.4.3　培训前后的产量和收入比较

收入提高是农民培训的最终目标之一，也是农民所期待的最重要的培训有效性指标。本次调查对学员培训前和培训后在黄瓜、西瓜、西红柿和生猪产量和收入上的变化做一比较。通州区大务村黄瓜田间学校培训前后比较结果见表 5。

表 5　通州区大务村黄瓜田间学校培训前后比较收入变化率（4 个学员户样本）

类别	培训后（2006—2007 年）	培训前（2005—2006 年）	培训前后比较变化率
亩产量（千克）	6 537	5 905	10.71%
亩毛收入（元）	4 101	2 821	45.37%
亩支出（元）	1 628	1 369	18.92%
亩纯收入（元）	2 870	1 874	53.15%

表 5 显示，通州区大务村黄瓜农民田间学校在培训后比培训前在亩产量上增加 11%，在亩纯收入上增加 53%。顺义区绿奥田间学校学员对黄瓜栽培管理技术培训前后比较，亩产量增加约 33%，亩纯收入增加约 75%（表 6）。

表6　顺义区绿奥田间学校黄瓜培训前后比较收入变化率（3个学员户样本）

类别	培训后（2006—2007 年）	培训前（2005—2006 年）	前后变化率
亩产量（千克）	3 125	2 344	33.32%
亩毛收入（元）	2 656	1 500	77.07%
亩支出（元）	3 215	2 710	18.63%
亩纯收入（元）	2 925	1 675	74.63%

表7　三个种植业田间学校培训前后比较变化率

类别	田间学校培训前后比较变化率				
	大务村	绿奥	阎家渠村	合计	平均
亩产量	10.71%	33.32%	6.54%	50.57%	17%
亩毛收入	45.37%	77.07%	3.30%	125.74%	42%
亩支出	18.92%	18.63%	10.43%	47.98%	16%
亩纯收入	53.15%	74.63%	−18.61%	109.17%	36%

表7说明，通州区大务村黄瓜田间学校、顺义区绿奥黄瓜田间学校和顺义区阎家渠村西红柿田间学校三个田间学校培训前后比较变化率平均亩产量增加17%，亩纯收入增加36%。

根据通州区万全生猪田间学校5个养殖户在2004—2005年和2006—2007年度的统计，培训后比培训前每户存栏增加28%，出栏提高18%。由于销售单价提高42%，在没有增加单头投入的情况下，单头纯收入增加155%。

根据顺义区大孙各庄镇生猪科技入户培训6个养殖户在2004年和2006年度的统计，培训后比培训前每户平均存栏增加14%，出栏提高24%。（销售单价提高13%，但单头投入增加20%，单头纯收入增加2%）。见表8。

表8　顺义区大孙各庄镇生猪科技入户培训（6个养殖户）培训前后的效果比较

编号	年限	存栏数量	出栏数量	单价（元/千克）	单头毛收入（元）	单头投入（元）	单头纯收入（元）
养殖户1	2004 年	300	400	6	600	545	55
	2006 年	300	450	8	800	644	156

（续）

编号	年限	存栏数量	出栏数量	单价（元/千克）	单头毛收入（元）	单头投入（元）	单头纯收入（元）
变化率		0	13%	33%	33%	18%	184%
养殖户2	2004年	450	600	8	800	667	133
	2006年	150	200	6	600	650	−50
变化率		−67%	−67%	−25%	−25%	−3%	−138%
养殖户3	2004年	500	600	6	600	503	97
	2006年	400	600	7.6	760	572	188
变化率		−20%	0%	27%	27%	14%	94%
养殖户4	2004年	700	800	6.6	660	600	60
	2006年	1300	1000	8	800	720	80
变化率		86%	25%	21%	21%	20%	33%
养殖户5	2004年	550	550	6.8	680	559	121
	2006年	900	1500	7.8	780	580	200
变化率		64%	173%	15%	15%	4%	65%
养殖户6	2004年	200	300	6.4	640	507	133
	2006年	240	300	6.8	680	847	−167
变化率		20%	0%	6%	6%	67%	−226%
合计		83%	144%	77%	77%	120%	13%
平均变化率		14%	24%	13%	13%	20%	2%

表9 两个养殖业田间学校培训前后比较变化率

类 别	培训前后比较变化率（2004—2006年）	
	通州区万全生猪田间学校	顺义区大孙各庄镇生猪科技入户
存栏量（头）	28%	14%
出栏量（头）	18%	24%
单头投入（元）	0	20%
单头纯收入（元）	155%	2%

表9说明，通州区万全生猪田间学校培训前后比较，每户存栏量提高28%，出栏量提高18%，单头纯收入提高155%；顺义区大孙各庄镇生猪科

技入户培训前后比较，每户存栏量提高 14%，出栏量提高 24%，单头纯收入提高 2%。

3.4.4 有无培训的产量和收入比较

除受训学员培训前后变化，即前后比较之外，对于在相同条件下有机会参加培训的学员和没有机会参加培训的学员在产量和收入上进行比较，即有无比较，也是效果评估的一个重要方法。

调查结果说明，将培训后的农民对培训前后比较的变化率结果与没有参加培训的农民同时期的变化率结果进行比较，结果说明有培训比无培训在产量和收入上都有增加。

顺义区绿奥田间学校黄瓜培训结果表明，有培训比无培训养殖户的前后变化率比较，有培训的学员亩产量比无培训的农民增加 18%，亩纯收入增加 62%，见表 10。

表 10　顺义区绿奥田间学校黄瓜培训前后比较收入变化率（学员 3 个农户）

类　别	有培训前后变化率	无培训前后变化率	差　额
亩产量	33.32%	15.60%	17.72%
亩毛收入	77.07%	14.58%	62.49%
亩支出	18.63%	16.49%	2.14%
亩纯收入	74.63%	12.71%	61.92%

表 11　大兴区赵家场西瓜田间学校培训前后比较收入变化率

类　别	学员（6 个农户）有培训变化率	非学员（4 个农户）无培训变化率	差　额
亩产量	−7.00%	3.04%	−10.04%
亩毛收入	30.26%	−20.03%	50.29%
亩支出	−10.01%	13.53%	−23.54%
亩纯收入	19.25%	−7.12%	26.37%

表 11 显示，在亩产量的变化率上学员比非学员低 10%，而在亩支出的变化率上学员比非学员低 24%。说明培训后可能应用了新的品种，而新品种的产量比原有品种产量低，但所需要的投入较低，因此导致投入下降。在亩纯收入的变化率上学员比非学员高 26%，说明培训后产品的品质提高，

因而市场价格提高，导致收入增加。

表 12　两个田间学校学员与非学员前后变化率比较（有无比较）

| 类　别 | 田间学校培训有无比较变化率 | | | |
	顺义区绿奥黄瓜田间学校	大兴区赵家场西瓜田间学校	合计	平均
亩产量	17.72%	−10.04%	7.68%	4%
亩毛收入	62.49%	50.29%	112.78%	56%
亩支出	2.14%	−23.54%	−21.40%	−11%
亩纯收入	61.92%	26.37%	88.29%	44%

表 12 显示，顺义区绿奥田间学校黄瓜培训和大兴区赵家场西瓜田间学校培训的有无培训比较平均结果为学员比非学员在亩产量上增加 4%，在亩纯收入上增加 44%。

大兴区庞各庄镇西瓜科技入户培训学员与非学员产量与收入效果比较表明，有培训的学员亩产量比无培训的农民增加 27%，亩纯收入增加 113%，见表 13。

表 13　大兴区庞各庄镇西瓜科技入户培训学员与非学员产量与收入效果比较

类　别	学员（20）	非学员（7）	变化率
亩产量（千克）	3 500	2 750	27%
亩毛收入（元）	4 000	2 750	45%
亩支出（元）	1 710	1 673	2%
亩纯收入（元）	2 290	1 077	113%

大兴区庞各庄镇科技入户西红柿培训和大兴区庞各庄镇西瓜科技入户培训对培训的有无培训比较平均结果见表 14。

表 14　两个科技入户学员与非学员有无培训变化率比较

| 类　别 | 科技入户培训有无比较变化率 | | | |
	大兴区庞各庄镇西红柿科技入户培训	大兴区庞各庄镇西瓜科技入户培训	合计	平均
亩产量	82%	27%	109%	55%
亩毛收入	45%	45%	90%	45%
亩支出	−1%	2%	1%	1%
亩纯收入	117%	113%	230%	115%

表 14 显示，大兴区庞各庄镇科技入户西红柿培训和大兴区庞各庄镇西瓜科技入户培训对培训的有无培训比较平均结果为学员比非学员在亩产量上增加 55%，在亩纯收入上增加 115%。

通过对三类培训类型学员的访谈调查，有 52%～56% 的田间学校和科技入户学员认为培训后产量有很大提高。田间学校学员对培训后产量提高的比率为 52%～53%。

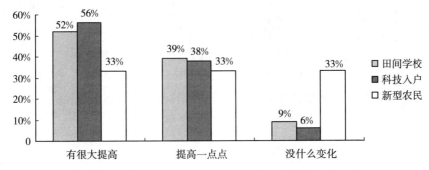

图 23　三类培训类型学员对培训后产量提高的意见比较

根据对农户的调查，三类培训学员学员认为产量提高的原因主要是个购买了新品种、采纳了新技术和提高了管理水平。

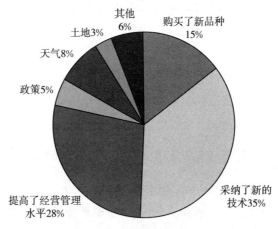

图 24　田间学校学员对培训后产量提高原因的分析

有近 40% 农民间学校与科技入户的学员认为培训给农民家庭收入带来很大提高。而这种收入的提高更多表现在种植业和养殖业的收入上面，见图 25 和图 26。

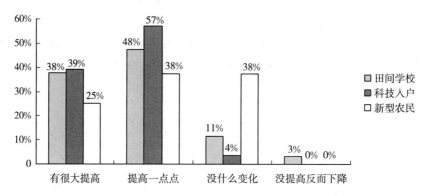

图 25　三类培训类型的学员认为培训后对家庭收入提高的影响

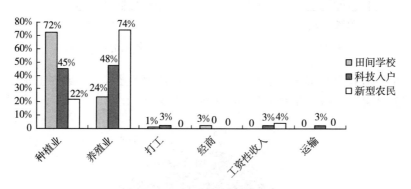

图 26　三类培训类型的学员认为培训后对家庭收入
提高影响的主要产业类型

通州区永乐店镇大务村黄瓜田间学校

　　学员黄明秋，男，39 岁，初中文化水平，参加农民田间学校之后，他的种菜管理能力有很大提高。2005 年他刚开始种大棚的时候，不知如何种白菜，结果满棚的白菜全开了花而没有成卷。该茬白菜产量只有 2 000 千克，单价 0.5 元/千克。2006 年 8 月参加农民田间学校之后，了解到白菜开花是由于在长苗过程中温度不够，受冻造成的，他就自己学着控制温度，产量达到 3 000 千克，单价 0.6 元，产量和收入都大幅度增加。他还计划试种西红柿，他说："参加农民田间学校之后，有胆了!"。

通州区万全生猪田间学校

通州区永乐店镇永一村的黄世奎，男，56 岁，中专文化程度。他养猪采取的是自繁自养的方式，从仔猪出生的 1～2.5 千克到肥猪出栏的 100 千克，需要 6 个月时间。2005 年他家存栏 350 头，出栏 450 头，结果赔了 3.5 万元；2006 年他家存栏 400 头，出栏 600 头，结果赔了 2.5 万元。究其原因，他认为，一是猪价低，二是仔猪死亡率高，三是育肥猪生长缓慢。在 2006 年 11 月他听说万全生猪田间学校之后，毅然报名，成为一名正式学员。到目前为止，他家的仔猪死亡率明显下降，养猪管理水平也得到很大提高，养猪的信心增强了。

顺义区大孙各庄镇科技入户

顺义区大孙各庄镇田各庄的杨玉延，男，50 岁，高中文化水平，从事养猪 20 年了。2004 年他家年初存栏 80 头＋出生 150 头（死亡 50 头，子猪死亡率为 33%），年底存栏 120 头，出栏 60 头，赚了 1.9 万元。2005 年他参加了科技入户培训。2006 年他家年初存栏 100 头＋出生 150 头（死亡 30 头，子猪死亡率为 20%），年底存栏 150 头，出栏 70 头。死亡率降低 13%。

通州区永乐店镇大务村黄瓜田间学校

学员陆爱辉，男，34 岁，初中文化水平，担任生菜田间学校的班长，大务村村支记。他参加农民田间学校之后，从东升公司找到黄瓜新品种（乌兰），进行试种，结果以 2.4 元/千克的价格出售，比普通黄瓜 203 品种高出 1 倍（普通黄瓜单价 1.2 元/千克）。

通州区永乐店镇大务村黄瓜田间学校 11 名学员中，有 64％的人认为培训后在产量和收入上都有增加，有 27％的人认为产量上有增加，有 9％的人认为收入有增加。

3.4.5　培训前后的技术和经营管理水平变化

在访谈中发现，农民认为培训之后技术和经营管理水平有了明显提高，见表 15 至表 19。

表 15　通州区永乐店镇大务村黄瓜田间学校

学员编号	培训前	培训后
1	不知黄瓜需要多少营养	按需给营养，生芽质量好，产量高了
2	温室平畦，温度高，容易上病	改为小高畦，秧苗壮了，病少了
3	不认识病虫害	防病（霜霉病还没有出现之前就能提前预防），防虫害（蔬菜有虫害，知道是什么病虫，提前打药）
4	蔬菜品种单一	采用多种抗病品种（抗霜霉病）

表 16　顺义区大孙各庄镇畜牧养殖（生猪）田间学校

学员编号	培训前	培训后
1	猪拉稀 3 天	只拉稀 1 天
2	给猪一打针就会死亡	高烧不会马上退，但至少不会死亡，死亡率降低
3	仔猪长期不断奶	仔猪会认料了

表 17　大兴区榆垡镇西黄垡村西甜瓜田间学校

编号	培训前	培训后
1	大棚外有一堆植株残体，不收拾，植物爱生病	学了综合防治后，清理了植株残体

表 18　通州区永乐店镇北地寺村万全生猪田间学校

学员编号	培训前	培训后
1	没有记录生产收入和成本的习惯	学习记录，逐渐养成经济效益分析的习惯

（续）

学员编号	培训前	培训后
2	以前不懂就糊弄。觉得消毒没有必要，既费钱又费时间	知道怎样提高效益，通过学习认识到消毒所花的钱远比生猪生病后治疗的钱少得多
3	以前治在第一，猪一生病就害怕	现防在第一，知道怎样治，心里有谱就不害怕了
4	没有理论概念就不知道是怎么回事，知其然不知其所以然	理论与实践的结合，知其然又知其所以然
5	刚开始从来不敢上台讲话	现在敢于上台和大家分享个人的经验

表 19　顺义区大孙各庄镇科技入户示范户

学员编号	培训前	培训后
1	不知如何防疫	防疫有效；饲养管理（消毒、卫生环境等）

3.4.6　对非学员的影响力

对 42 名非学员的调查发现，有 31％的非学员向田间学校和科技入户学员请教过问题。

3.4.7　自我组织的意识

通过对三种培训类型的 114 名学员的调查发现，有 63％的学员回答在他们所在的村或乡有农民经济合作组织。

表 20　学员所在的村或乡有农民经济合作组织的统计

培训类型	有	没有	合计
田间学校	42	25	67
科技入户	20	13	33
新型农民	1	13	14
合计	63	51	114

调查发现，在培训学员中，有 65％的学员回答加入了合作组织，有 35％的没有加入。

非学员中有 39％的人加入了农民经济合作组织，61％的没有参加。

通州区永乐店镇北地寺村万全生猪田间学校：培训之后学员自发、主动要求成立生猪合作社，统一购买饲料、统一销售。

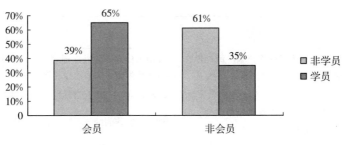

图 27　加入合作组织情况

调查发现：经过培训后，田间学校没有参加合作组织的学员中有 91%
的人打算加入农民经济合作组织，科技入户中有 87% 的人打算加入农民经
济合作组织。

大兴区礼贤镇东安村义朋奶牛合作社

义朋合作社的创始人是张义朋及其妻郑淑芬。他们夫妻俩有 20 多
年的养殖经验。自 1986 年开始养鱼，1996 年开始过渡，养鱼的同时也
养牛，1997 年与三元乳业签了合同，慢慢过渡到养奶牛；2001 年义朋
合作社成立，刚开始时只有 7 户，现在发展为 300 户。合作社会费为：
20 元/人，一次付款，退会还款；合作社与每个社员户签订合同，合同
中表明每户有多少头牛，价值多少；张义朋家有 25 个工人，多数来自
于合作社中的农户。这 25 个工人家的奶牛放在合作社实行统一管理，
分户经营。这 25 个工人家的每户有 1 个人在合作社中喂养自家奶牛，
这些工人下班后也可以照顾自家奶牛。在 300 户社员中，有 30 户的约
800 头奶牛（多数来自于工人家）在合作社大院饲养。小牛、大牛都
有，每天早上 9 点，院内社员从张义朋家统一购买饲料（同时规定喂的
数量），同时喂食。

合作社帮扶农户形式有两种：①租棚，借给农户牛，然后农户经过
饲养后，还牛犊。②帮扶贷款（利息 7 厘），自己借给农户或发动朋友借
给农户，但帮持力度最大的还是院中的农户。

合作社里的农户养牛能挣钱的原因是：①没算人工费；②没交电费、
利息等。院内比院外奶牛养殖户可多收入 500 元。

合作社服务项目为饲草、饲料、技术服务、配种治疗、销售等。辐射户有问题来找合作社，合作社提供低价格有偿服务。

合作社服务的特点：①合作社以批发价，零利润销售给院里的农户；②接受技术服务方便（由于技术指导和技术救援及时，院内的牛难产死亡率降低）；③牛舍不收电费、机器折旧费等；④药价低（输液的药钱：院外70～80元/头，其中1/3药费、2/3服务费；院内只收30～50元/头，其中2/3药费、1/3服务费）。

3.4.8 信息获取能力

在辅导员的帮助下，农民获取信息的渠道拓宽。学员在信息获取意识和能力上得到了提高。大兴区庞各庄镇农民反映，他们可以通过多种途径了解农业信息。除了传统的村广播、亲戚朋友邻居外，还可以通过电话与辅导员联系，辅导员背后是农业专家、因特网；也可以通过手机与农业信息中心联系。一些辅导员开始尝试通过现代信息手段来满足农民需求。

大兴区庞各庄镇科技入户技术员白义存借助农村信息机培训，搜集116户中的手机号码，开展信息收集与传播的工作。大兴区庞各庄镇科技入户示范户20人中有2人能收到手机发来的市场信息（天气、病害、风力）和科技站信息。通州区永乐店镇大务村黄瓜田间学校：2006年秋村大队能上网；2007年4月移动给该村农民手机用户开通发短信业务，农民通过手机这个新媒体来接收农业信息。

3.4.9 有助于辅导员能力的提高

田间学校有88%的辅导员认为做辅导员对自己有帮助。三种培训类型的综合统计结果，回答对自己有帮助的辅导员占92%。

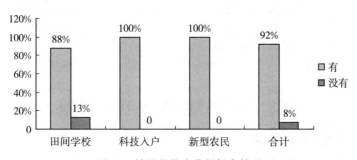

图28　辅导员能力获得提高情况

田间学校有 67% 的辅导员表示，如果再次举办田间学校，仍然愿意担任辅导员。

3.4.10 辅导员认为影响有效培训的因素

田间学校辅导员认为影响有效培训的因素比较分散，其中比较集中一点的（13%）是培训前的需求调查、培训教师、培训方法和培训经费，其次是培训内容（11%）、培训计划和培训教材（9%），培训时间地点和培训对象为第三位（8%）。

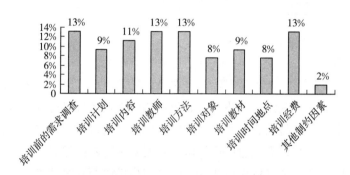

图 29　田间学校辅导员认为影响有效培训的因素

科技入户辅导员认为影响有效培训的因素比较集中一点的是培训培训内容、培训方法和培训经费（18%），其次是培训前的需求调查和培训教师（12%）。

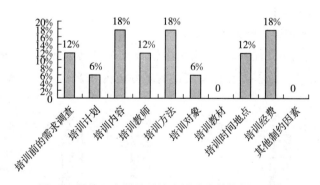

图 30　科技入户辅导员认为影响有效培训的因素

3.4.11 学员对培训的评价

（1）对培训内容的评价。田间学校学员中有 59% 的人对培训内容表示很满意，34% 的人比较满意，两者相加为 93%。

表 21　传统培训与田间学校的区别

田间学校名称	传统培训	田间学校
通州区万全生猪田间学校	只有老师讲、学生听一种形式	采用参与式方法，通过小组讨论、实际操作试验、参观等，与学员充分地互动
	内容完全是由老师确定和安排的，包括学生关心和不关心的内容	在培训之前做了相应的需求调查，上课内容都是农民愿意听的东西；而且上课采用的是启发式提问—学员讨论—辅导员点评的流程，学生在分享的过程中记忆深刻
大兴区北臧村镇赵家场村西瓜田间学校	农民大多听不太懂，而且农民不记笔记，回去后大多都遗忘了	田间培训有可操作性，能教会农民发现、总结并解决问题

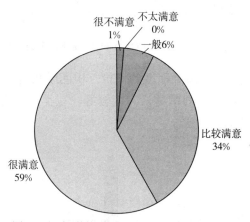

图 31　田间学校学员对培训内容的满意程度

从三种培训合计 117 名学员的调查结果看，很满意为 53%，比较满意为 36%。在培训内容上，学员对科技入户和田间学校比新型农民满意度高。

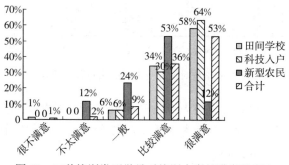

图 32　三种培训类型学员对培训内容的满意程度比

（2）对培训时间的评价。田间学校有 55％的学员对教学时间安排很满意，31％的学员比较满意。

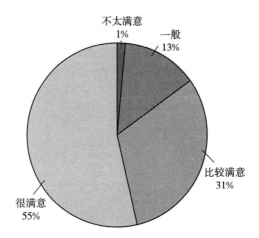

图 33 田间学校学员对培训时间安排的满意程度

（3）对辅导员讲课的满意程度的评价。田间学校有 54％的学员认为辅导员讲课非常好，有 43％的学员认为比较好。三类培训类型的学员对辅导员讲课的评价见图 34。

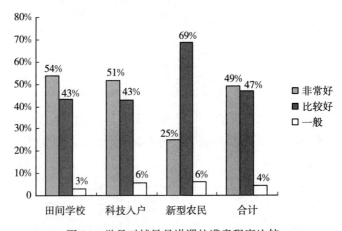

图 34 学员对辅导员讲课的满意程度比较

通州区永乐店镇北地寺村万全生猪田间学校给辅导员打分：100 分（6个）、95 分（1个）。辅导员技术水平高，服务到位；有辅导员的手机号，随叫随到。辅导员有责任心。

通州区永乐店镇北地寺村万全生猪田间学校辅导员

有意识地培养骨干，积极支持培训辐射：瞄准那些一段时间从事养猪、学习主动性高、有点为大伙办事的热心、有一定组织能力并在本村有一些威信的学员重点发展。计划再发展两个农民田间学校，由一期骨干学员担任辅导员，两星期开课一次。

（4）学员参加培训的目的。农民参加培训的目的更多的是为了学习新技术，增加新知识，提高产量和收入水平。

田间学校学员培训后有48%的学员认为达到了目的，51%的学员认为基本达到了目的。

通过对119名学员（田间学校67人、科技入户35人和新型农民17人）的调查，100%的学员认为所学的内容是自己所需要的。

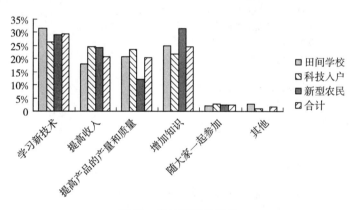

图35　参加培训的目的

（5）学员对培训打分结果。在调查中，要求各学校学员根据自己对田间学校的满意程度给所在田间学校总体满意程度打分，最高分为10分，最低分为1分。田间学校学员给所在田间学校总体满意程度打分结果平均为9.1分。科技入户学员给所在科技入户总体满意程度打分结果平均为9.3分。

（6）学员对培训的评价。

表 22　学员对田间学校培训的评价

田间学校名称	优　点	缺　点	建　议
通州区永乐店镇大务村黄瓜田间学校	陆地到棚里种菜就是不一样，通过田间学校，想要的都学到了	培训时间不固定，都是临时通过村中的大喇叭通知。农民不在家就听不到通知，从而错过上课的时间	夏天培训时间定在晚上比较好，而且上课时间要固定 村上最好有套测土配方施肥设备
顺义区大孙各庄镇绿奥田间学校	一般培训只能听，没有问题和讨论的机会；田间学校可看、可听、可做、可讲；共同参与、讨论；针对实际问题		以一个月两次的安排长期开办下去 邀请专家来讲课，解决更加复杂的实际问题（例如今年西瓜普遍闹水拖病，就是打开西瓜后全是水，学院和辅导员都不知道原因，也不知道怎样解决）
顺义区大孙各庄镇畜牧养殖（生猪）田间学校	易懂、互动、讲解明白；而卖料培训讲的人只管说，说完就走人，参加培训的人根本没有提问的机会，也就很难听懂所讲的内容	学员讨论的问题，有时辅导员也不能完全解答清楚	辅导员将学员的问题向专家请教，再给学员讲解，并且把专家的电话号码留给学员
大兴区榆垡镇西黄垡村西甜瓜田间学校	学到知识技术；综合素质提高；产量增加收入提高；实际观察通俗易懂，讨论交流效果好，记得清。参加的其他培训注重理论知识的讲授，不实用，忘得快		内容可以再深入一些；多讲一些防病治病的知识培训经历
大兴区北臧村镇赵家场村西瓜田间学校	学知识，解决实际问题，交流经验，开阔眼界 参加访谈的人中有5个学员参加过庞各庄组织的培训。与其他培训的区别：其他培训主要是以讲理论知识为主，而田间学校强调学员之间的交流，理论加实践		
顺义区北务镇阎家渠村温室番茄田间学校	学会对番茄治病，能解决实际问题		

表 23　学员对新型农民培训的评价

地点	优点	缺点	建议
大兴区礼贤镇荆家务村	清楚了猪病原理,知道对症买药。 知道如何喂猪;不同生长阶段给猪补充不同的营养 帮助理解程度:集体意见为80%;帮助大家增长知识	防病类问题还要系统地讲;缺乏与实际的联系,最好能深入到实地,根据实际的猪病讲解;有些专业的英语词汇对于农民来说理解困难	讲实用技术,不要讲太多的理论;上课多一些实际操作的内容;授课能理论联系实际;希望有养猪协会,建立防控系统,达到先知先觉,有病患预警

(7) 辅导员对培训的评价。

表 24　学校辅导员对田间学校培训的评价

田间学校名称	优点	缺点	建议
顺义区北务镇阎家渠村温室番茄田间学校辅导员	增加农民的自信心,提高农民分析问题、解决问题的能力,提高技术员的水平	局限性,学员少,种植的人多,扩散性不明显	扩大田间学校规模(班次增加);适当给学员一些补助
顺义区北务镇阎家渠村温室番茄田间学校辅导员		问题式教学不利于学员的系统培训。学员一知半解,具体原理并不清楚	
大兴区北臧村镇赵家场村西瓜田间学校	比一般培训更易让人接受,农民的思想能够得到转变 自己认为培训对当地起到的作用主要是对农民观念的影响	缺乏经费,时间不好安排	要给辅导员一个具体的培训指南;要有专门人士做出一些有实用性和科学性的游戏形式来;要有专门的培训教材及大纲 培训班的资金来源:当地组织者投入了2万多元,上级没有资金下达,主要花在建设实验田及外出观摩的费用,还有一些花在购买教具、学员的校服、毕业时小礼物等
顺义区大孙各庄镇绿奥田间学校	不受时间、地点、条件的限制,跟农民贴近,能解决实际问题	组织起来较难	希望政府加大投资力度

（续）

田间学校名称	优　点	缺　点	建　议
通州区永乐店镇北地寺村万全生猪田间学校	过去没有任何形式的培训活动，"花钱也请不来"；学员技术水平和理论知识普遍提高；形式好，符合农民心理；为农民提供了交流和学习的平台		希望从课堂走向田间的实际案例指导 辅导员有热情，但热情的维持需要有一定的奖励机制，包括精神上和物质上 辅导员：应学员的迫切要求，自己将组织学员成立生猪合作社。希望即将成立的生猪合作社能得到上级政府的重视和资金补贴，让农民田间学校的成果由自己和学员来共同分享
大兴区榆垡镇西黄垡村西甜瓜田间学校	能达到农民全方位素质提高的目的		要有专业的辅导员；要精选辅导员；要对辅导员有激励机制

顺义区大孙各庄镇科技入户技术员王自成对科技入户的评价

相比于田间学校，这种形式不用组织学员，在平时直接下去指导；相比与田间学校，学员交流的机会少。

（8）学员存在的困难和问题。

表25　学员目前存在的困难和问题

培训类型名称	目前困难	说　明
大兴区北臧村镇赵家场村西瓜田间学校	肥料价格太高，成本高；	一是拉到新发地批发市场，只能批发给小贩，而且要交费用，每车交30元 二是小贩到地里收购，价格很低
	卖瓜难，卖不上好价钱	该村2006年已经有协会，在销售上可以解决一部分农户卖瓜问题，但协会中会员大都是会长家的亲戚，会长2007年6月将协会改为合作社，吸收田间学校学员作为会员，每人交50元会费，目前对成员还未开展工作

（续）

培训类型名称	目前困难	说　明
大兴区榆垡镇西黄垡村西甜瓜田间学校	卖瓜难	批发市场太远，去新发地有人扰乱市场，压价； 小贩上门收价格低；城里不让农用车进，没地方卖
顺义区大孙各庄镇畜牧养殖（生猪）田间学校	价格不稳定 突发病难治 养猪成本高 保温与通风的矛盾难解决（特别是冬天）	
顺义区大孙各庄镇绿奥田间学校	销路难 价格不稳定 化肥农药等农资成本高 假药多	目前绝大部分农户的菜是小贩上门来收购，但价格低于市场价0.2~0.4元/千克； 每户产的蔬菜量相对有限，自己没有车，距离市场远，只有等小贩上门收购 卖药的太多，甚至植保所开的药店也卖假药
顺义区北务镇阎家渠村温室番茄田间学校	根结线虫仍然难防治 农药化肥真假难以识别	市里专家都难以解决问题 希望政府加大执法力度
顺义区大孙各庄镇科技入户示范户	污水处理不到位 猪舍补给不兑现 贷款难 生猪出栏价格无保证 政府承诺补给没下来	 1999年补助养殖小区到现在也没下来
大兴区礼贤镇荆家务村新型农民	上年由于猪价偏低，出现的情况是：养得越多，赔得越多 蓝耳病预防 小猪断奶后拉稀 防疫（症状不能识别），服务站没有人服务，打过针不起作用	养猪大户认为和小户的区别在于：大户意味着赔钱越多，小户还基本可以保本 打防疫针的时间

（续）

培训类型名称	目前困难	说　明
大兴区庞各庄镇科技入户示范户	怕阴天	温度低，作物易生病
	销售难	批发市场收购，但多了就不收了，要出入费（2006年6元/车、2007年8元/车）。有小贩上门收购，但不固定（没谱）
	假药多、假肥多	
	滴灌设备缺乏	自己按投入大，希望政府能出资

表 26　大兴区礼贤镇荆家务村参加新型农民培训的学员面临的问题、原因和解决方法

问　题	原　因	解决方法
死猪	猪圈环境差，不卫生	国家投资一部分迁建沼气池
		参加培训学技术
猪价低（5.2元/千克）	不知道	政府稳定猪价
养猪成本高	给猪打疫苗要花钱	国家不仅把钱补助给养猪大户，也要把钱按养猪投书补助给小农户
	给猪买饲料价格高（2元/千克）	
假药多	给猪打了不管事	买大药厂的药

表 27　非学员面临的困难和问题

培训类型名称	困　难	说　明
大兴区北臧村镇赵家场村（西瓜）	病害防治难	不能确定是什么病，不能对症下药
	买不到好药	有时买到了也是假药，影响种植效果
	种子不纯	主要是农民不能分辨真假
	化肥不纯	主要是受市场影响，买不到好肥料
大兴区榆垡镇西黄垡村（西甜瓜）	假品种，假农药	只有科技站买的，质量好
	销售难	自己卖，批发市场。新发地约40公里、沙窝约15公里

（续）

培训类型名称	困　难	说　明
大兴区庞各庄镇非示范户	不认识肥料种类	不知道具体的 N、P、K 的比例（化肥、农家肥）土测，这一项一般都是外来专家帮农民解决
	市场销售问题	不知道哪些品种好卖，得到的信息少，唯一途径只能去市场打听。产出以后都是自己去卖，远的一般都到新发地，近的都去沙窝
	病虫害问题	根结线虫，农药有的失去效果，主要是农药里假药成分太多，导致农作物产量大大降低，严重的时候减产一半
	肥料真假难辨	农民不知道肥料的含量
	除杂草难	打除草剂有时把庄稼也除了
对比顺义区大孙各庄镇非示范户	资金不足	
	饲料贵	
	猪有病难确诊，打针见效慢	
	风险大	包括猪价不稳和疾病难防治导致死猪
大兴区北臧村镇赵家场村（西瓜）	培训内容单一	如果培训内容全面一点，他们也很愿意参加培训。因为本村以西瓜为主，其次是果树（桃树、梨树等），所以本村培训对象主要是以种植西瓜的农户为主。如果家庭主要产品不是西瓜，他们也不愿意参加培训

（9）农民的培训需求。通过对 119 名学员的调查，所有学员认为培训有必要继续开展，117 名学员表示以后如果有机会，还愿意参加培训。有 88% 的非学员表示，如果有机会，愿意参加田间学校的培训。89% 的非学员表示，如果有机会，愿意参加科技入户的培训。

农民提出更多的培训需求仍然集中在种养技术方面，其次为市场营销和法律知识与农业政策方面的需求。

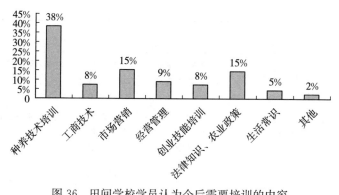

图 36　田间学校学员认为今后需要培训的内容

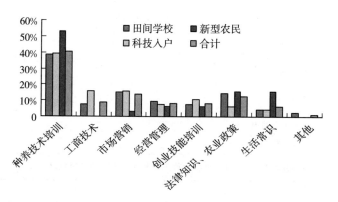

图 37　三类学员认为今后还需要培训的内容

4　培训过程分阶段系统评估基本结论

4.1　培训需求评估

对所调查的农民全部进行了培训需求调查。培训需求调查方法主要为问卷和访谈。在需求调查中对培训需求进行排序，田间学校占全体调查对象的约 90％。田间学校开展需求调查时调查的对象主要为从事同类产业生产经营活动的农民。辅导员组织实施培训需求调查。所有农民田间学校都有培训需求分析的书面报告。

4.2　培训计划评估

（1）农民田间学校辅导员多数为政府部门技术人员担任。调查结果显示，田间学校辅导员中的 78% 为政府部门技术员、22% 为种养大户。多数辅导员是上级安排的工作，少数为自愿申请成为辅导员的。辅导员受教育程度调查结果显示，田间学校辅导员中 56% 为大学以上、44% 为高中和中专学历。

（2）农民田间学校的学员多数是通过村委会得知消息后自己申请参加学习的。通过对调查的 118 名农民的访谈发现，农民成为受训者主要有 3 种途径：上级决定并通知、农民知道后主动申请和其他农民推荐。田间学校的学员通过上级通知的学员占总学员数量的 38%、自己申请的占 52%、农民推荐的占 10%。田间学校学员参加培训前听说培训的途径主要有三种，56%的学员是村委会通知、22% 是通过政府推广机构得知的消息、12% 是通过邻居得到的消息。

（3）非学员没有参加学习更多原因是没有机会或没有时间。在没有参加田间学校培训的农民中，31% 是没有机会参加、24% 是没听说、24% 是没时间。

（4）学员选择标准主要为身体健康、从事同样种养殖领域并有学习积极性。无论在学员的年龄、性别、经验、种养规模和始种养年限上并没有明显限制条件。在文化程度上，除去对文盲有些限制之外，并没有其他限制条件。

（5）学员的受教育程度以初中为主，年龄大多在 40 岁以上，家庭收入以种植业或养殖业为主。三种培训类型的学员年龄相近，平均为 46 岁，最大年龄为 65 岁，最小年龄为 30 岁。年龄与随机抽样调查的非学员相似。在三种培训类型的学员中，男性占 57%、女性占 43%。在田间学校的学员中，初中文化程度的占 62%，高中和中专文化程度占 22%，小学占 15%，文盲仅占 1%。在田间学校培训中，种植业学员的实际生产年限为 14 年，养殖业为 8 年，两者相差 6 年；在种植业中，学员与非学员没有差异。在家庭收入结构上，无论学员还是非学员，家庭主要收入来自种植业，其次为养殖业。养殖业收入为主的家庭数量低于以种植业收入为主的家庭数量。在以种植业为主的家庭中，学员的数量低于非学员；在养殖业为主的家庭中，学员的数量高于非学员。

（6）培训课程内容的设置一般根据农民的需求和辅导员的经验决定。给农民留下印象深刻的课程往往是与生产实际相关的，操作性强。

（7）组织农民一次培训的时间为 1～3 个小时。对辅导员的调查发现，辅导员认为确定比较合适的培训时间需要考虑两个方面的情况，一是农时季节，二是农民的作息时间。所有辅导员认为农民一次培训最好不要超过半天的时间。田间学校辅导员中 100％的人认为农民一次培训的时间以 1 小时到半天为宜；科技入户的辅导员认为 2 小时到半天为宜；新型农民培训的辅导员则认为半天比较合适。地点在本村，根据内容需要选择室内和田间地头。

（8）所有培训活动都有培训计划表。

4.3　培训实施评估

（1）培训中不能做到所有学员 100％的出勤率，主要是培训时间临时通知所致。调查显示，田间学校学员能够做到 100％出勤率的学员为 57％，42％的学员偶尔缺课。63％的辅导员报告指出：学员缺勤率为 20％～30％。学员缺课主要有两种原因：没有听到通知（田间学校中占缺课人数的 21％）和自己有事不能上课（占 79％）。学员由于没听到通知而耽误了上课的原因是一些培训班的培训时间不确定，临时通知。这种安排不利于学员提早对上课时间做出安排。

（2）学员不能理解培训内容时，大部分采取询问辅导员的方式。田间学校的课堂参与度为 85％。所有辅导员反映，他们经常鼓励学员在课堂上发言；89％的田间学校辅导员认为，课后仍然有机会与学员进行交流。

（3）多数辅导员认为，有必要在培训结束后发给农民学员相关培训材料。培训材料最好是文字和图画相结合。在所调查的田间学校辅导员中有63％的人认为发放培训材料有必要。田间学校比科技入户和新型农民培训发放培训材料的比例小。科技入户和新型农民培训在培训过程中 100％的发放培训材料，而田间学校培训中发放培训材料的培训班仅占 71％。有 96％的学员认为田间学校所发的培训材料很实用，科技入户培训中此比例为 94％，而新型农民培训为 100％。田间学校所发的材料中，67％为纸质材料、33％为纸质加光盘。科技入户与田间学校相同，而新型农民 100％都为纸质材料。多数辅导员认为，培训材料最好是文字和图画的结合。

（4）开展小组讨论是农民最喜欢的培训方式。在农民田间学校培训中使用比较多的培训方式依次为小组讨论、讲课、田间课堂、游戏和实地考察。与科技入户和新型农民培训比较，田间学校讲课的比例低于新型农民和科技入户；在小组讨论、游戏和田间课堂方面高于其他两种培训形式；在案例分析的运用上比其他两种培训形式用得少些。根据对三种培训类型的培训学员调查，农民学员喜欢的培训方式按得票多少排序为讲课、实地考察、小组讨论、案例分析、田间课堂、研讨会、游戏和角色扮演。田间学校学员喜欢的培训方式排序为小组讨论、讲课、实地考察和田间课堂。农民田间学校辅导员最擅长的培训方式是与学员讨论问题，新型农民培训辅导员最擅长的培训方式是理论讲解，而科技入户辅导员最擅长的培训方式是理论＋实践＋讨论。

（5）多数辅导员不给农民学员留作业。田间学校经常给学员留作业的辅导员占所调查辅导员总数的1/3。有11％的辅导员没留过作业。

（6）辅导员培训后进行跟踪技术服务。对9名田间学校辅导员和3名科技入户辅导员的调查结果表明，所有被访问的培训辅导员都开展了相应的跟踪服务活动。

4.4 培训效果评估

（1）培训后对所学知识和技能的理解效果的调查结果表明，85％的农民田间学校的学员的理解率为70％～90％。田间学校有30％的学员理解率在90％以上，55％的学员理解率在70％～90％，有15％的学员的理解率在50％～70％。三种培训类型比较，田间学校学员理解率的比例高于其他两种类型的培训。对7所田间学校的80名学员的访谈调查结果显示，学员能听懂70％以上培训内容的占93％，能听懂80％以上培训内容的占81％。

（2）BBT测试结果表明农民培训后的知识和技能水平有明显提高。根据北京市农业局的统计资料，通过BBT测试结果显示，通过训后训前测试成绩对比，发现农民田间学校学员知识水平测试平均成绩提高41％，其中粮改菜的新菜农提高幅度最大，达175.0％。学员认为造成不能完全理解培训内容的主要原因有两个方面，一是农民自身文化素质低；二是在培训过程中缺少必要的实践环节。

（3）农民田间学校的学员对所学知识和技能的应用率很高。农民田间学校有97％的学员在培训后应用过所培训过的技术，科技入户有94％的学员应用过，而新型农民培训仅有40％的学员应用过。与科技入户和新型农民培训比较，田间学校的应用率最高。田间学校的技术应用率非常高，约80％的学员技术应用率都在80％以上。

（4）农民田间学校培训前后比较，农民的收入有明显提高。种植业培训前后比较，通州区大务村黄瓜田间学校、顺义区绿奥黄瓜田间学校和顺义区阎家渠村西红柿田间学校培训前后比较，平均亩产增加17％，亩纯收入增加 36%。养殖业的前后比较，通州区万全生猪田间学校培训前后比较，每户存栏量提高 28%，出栏量提高 18%，单头纯收入提高 155%；顺义区大孙各庄镇生猪科技入户培训前后比较，每户存栏量提高 14%，出栏量提高 24%，单头纯收入提高 2%。

（5）农民田间学校与非农民田间学校学员比较，产量和收入增加明显。种植业培训有无比较，顺义区绿奥田间学校黄瓜培训和大兴区赵家场西瓜田间学校培训的有无培训比较，平均结果为学员比非学员在亩产量上增加 4%，在亩纯收入上增加 44%。养殖业的有无比较，大兴区庞各庄镇科技入户西红柿培训和大兴区庞各庄镇西瓜科技入户培训对培训的有无培训比较，平均结果为学员比非学员在亩产量上增加 55%，在亩纯收入上增加 115%。对学员的访谈表明，有 52%～56% 的田间学校和科技入户学员认为培训后产量有很大提高。

（6）农民认为产量增加的原因是通过培训采纳了新技术的结果。有 79% 的田间学校学员认为产量增加的原因是由于采纳了新品种和新技术，提高了经营管理水平。科技入户有 75% 的农民这样认为，新型农民有 72% 的农民有这样的认识。采纳了新技术、提高了经营管理水平和购买了新品种这三项的平均值的总和为 77%。其中，采纳了新的技术所占比例最高。有 38%～39% 经过培训的田间学校与科技入户的学员认为培训给农民家庭收入带来很大提高。通州区万全生猪田间学校学员认为仔猪死亡率明显下降，养猪管理水平也得到很大提高。顺义区大孙各庄镇科技入户学员反映子猪死亡率由 33% 下降为 20%，死亡率降低 13%。学员反映仔猪成活率上升，小猪死亡率从 10% 下降到 5%；母猪产子率上升；猪场环境改善，发病率下降；猪出栏时间缩短（以 100 千克为标准）。顺义区大孙各庄镇科技入户示范户反映，参加科技入户使得仔猪成活率提高，饲料成本降低（单一饲料变为复合饲料）。

（7）在知识和技能传播方面，农民学员对非学员有影响力。对 42 名非学员的调查发现，有 31% 的非学员向田间学校学员请教过问题。有 47% 的非学员向科技入户的学员请教过问题。

（8）农民的生产管理水平和自我组织意识得到了提高。农民认为培训之后技术和经营管理水平有了明显提高。参加农民经济合作组织的农民比没有参加农民经济合作组织的农民对参加田间学校和科技入户培训的积极性高。同时，参加田间学校和科技入户培训后，农民自我组织的意识得到了提高。

调查发现：经过培训后，田间学校没有参加合作组织的学员中有 91% 的人打算加入农民经济合作组织，科技入户中有 87% 的人打算加入农民经济合作组织。

（9）在辅导员的帮助下，农民获取信息的渠道拓宽，农民的生态和环境保护意识有所提高。

（10）多数农民田间学校辅导员认为举办农民田间学校有助于提高自己的能力。有 88% 的田间学校辅导员认为做辅导员对自己有帮助。田间学校有 67% 的辅导员表示，如果再次举办田间学校，仍然愿意担任辅导员。田间学校辅导员认为影响有效培训的因素比较分散，其中比较集中一点的（13%）是培训前的需求调查、培训教师、培训方法和培训经费。其次是培训内容（11%）、培训计划和培训教材（9%）。培训时间地点和培训对象为第三位（8%）。

（11）绝大多数学员对参加的培训满意。田间学校学员中有 59% 的人对培训内容表示很满意，34% 的人比较满意，两者相加为 93%。从三种培训合计 117 名学员的调查结果看，很满意为 53%，比较满意为 36%。在培训内容上，学员对科技入户和田间学校比新型农民满意度高。田间学校有 55% 的学员对教学时间安排很满意，31% 的学员比较满意。田间学校有 57% 的学员对培训设施很满意，36% 的学员比较满意。田间学校有 54% 的学员认为辅导员讲课非常好，有 43% 的学员认为比较好。几乎所有学员表示以后如果有机会，还愿意参加培训。有 88% 的非学员表示，如果有机会，愿意参加田间学校的培训。田间学校学员和科技入户学员给所在培训单位总体满意程度打分结果平均为 9.1 分和 9.3 分。

（12）学员喜欢农民田间学校培训方法。通过对学员进行的"H"型评估显示，田间学校的优点在于：一般培训只能听，没有问问题和讨论的机会，田间学校可看、可听、可做、可讲，共同参与，讨论，有针对性地解决实际问题。易懂、互动、讲解明白；学到知识技术；综合素质提高；产量增加收入提高；实际观察通俗易懂，讨论交流效果好，记得清。参加的其他培训注重理论知识的讲授，不实用，忘得快。学知识、解决实际问题、交流经验、开阔眼界。

（13）对农民田间学校学员的意见征求，集中表现在培训时间的安排和辅导员的能力提高两个方面。有些学员指出田间学校的缺点在于：培训时间不固定，都是临时通过村中的大喇叭通知。农民没在家就没有听到通知，从而错过上课的时间。学员讨论的问题，有时辅导员也不能完全解答清楚。一些学员提出建议：夏季班定在晚上比较好，同时上课时间要固定；辅导员将学员的问题向专家请教，再讲解给学员，并且把专家的电话号码留给学员。

（14）辅导员要求上级主管部门对培训工作应该有激励措施，辅导员最好专业化。辅导员对田间学校的评价显示，优点在于比一般培训更易让人接受，农民的思想能够得到转变。不受时间、地点、条件的限制，与农民贴近，能解决实际问题。缺点在于学员少，种植的人多，扩散性不明显；一对一问题式教学，不利于学员的系统培训；学员一知半解，具体原理并不清楚；组织起来较难。辅导员建议希望政府加大投资力度，扩大田间学校规模（增加班次），并适当给学员一些补助；要给辅导员一个具体的培训指南；要有专门人士设计一些有实用性和科学性的游戏形式；要有专门的培训教材及大纲；要有专业的辅导员；要对辅导员有激励机制。

（15）农民的进一步培训需求表现在技术和市场营销方面。农民对今后培训提出的需求仍然集中在种养技术方面。其次为市场营销和法律知识与农业政策方面。

5　结论与建议

（1）与其他形式的农民培训比较，农民田间学校的培训效果更好。通过横向和纵向比较，培训效果主要表现在培训后的种植业单位产量和养殖业出栏率和收入增加，农民获取信息的渠道拓宽，自我组织意识以及技术和经营管理水平有了明显提高。

（2）农民对培训比较满意。田间学校学员和科技入户学员对田间学校的满意程度打分都在 9 分以上。他们认为所培训的内容符合培训需求，达到了预期目标，并希望将来再有接受培训的机会。非学员表示将来愿意争取接受培训的机会。

（3）辅导员对培训比较满意。多数辅导员认为农民田间学校对提高自己有帮助，田间学校有 67% 的辅导员表示，如果再次举办田间学校，仍然愿意担任辅导员。

（4）田间学校较好的培训效果来自于培训过程中有效的知识信息传播链。培训的效益体现在经济分析后的经济效果上，而这种效益的提高来自对技术的较高应用率，较高的技术应用率来自对所学技术的较高理解率，较高的理解率来自互动式的参与方法和比较有效的农民需求评估。

（5）需要关注培训过程的问题解决。培训中存在的问题表现在：①辅导员的知识水平和培训能力不能适应田间学校参与式互动培训的高标准要求；②培训内容仅注意技术本身，缺乏强调对技术应用过程的完整记录和经济分析能力的培养；③培训管理中缺乏对培训全过程监测设计和评估计划。

（6）建议进一步加强对农民田间学校北京模式的总结、对辅导员激励机制的研究和试点、对培训过程的监测评价研究和培训过程与效果的专题化评价研究。

七、农民田间学校
培训效果评估报告

1 基本背景

2012 年，为了进一步了解农民田间学校的培训效果，结合现代农业产业技术体系北京市创新团队中期评估活动，现代农业产业技术体系北京市创新团队推广评估研究室选取了 20 个村作为调研点开展农民田间学校培训评估，以求了解农民田间学校培训对农户生计产生的影响。

2 评估目标

了解农民田间学校的组织、技术服务、培训方法和农民对田间学校的评价，为总结农民田间学校的办学经验，进一步加强农民田间学校建设提供依据。

3 评估样本概况

调研覆盖 20 个村庄，涉及三个产业，其中果类蔬菜 12 个村庄、生猪产业 6 个村庄、观赏鱼产业 2 个村庄，共计 287 个农户。农户的男女性别比例为 55：45，民族以汉族为主，只有 7 位是少数民族。初中以上文化程度的农户占 75.9% 以上。

在受访的农户中家庭收入主要来源依靠种植业的占 65%，养殖业占 23.4%，其他产业占 11.6%。

调查的 287 户农户中有 169 户是田间学校学员，占 58.9%；非田间学校学员 118 户，占 41.1%。

本次调研对上述农民田间学校样本注重在培训过程上的评估。对于技术培训产生的效果，主要针对一个以白菜种植为主要内容的 22 名农民参加的农民田间学校个案进行了分析。

4 调研结果分析

4.1 农户对农民田间学校提供培训的满意度

在接受过田间学校培训的 118 户中，感到比较满意的占比最大，为 46%；非常满意和满意的各占 26%；基本满意的只有 1 户，占 2%；没有不满意的农户。

4.2 农户信息获取渠道

农户通过田间学校获取技术知识占所调查农户的 37.6%，其次为大众媒体占 28.9%，农资供应商占 25.4%，邻里占 21.3%，乡镇农业服务中心 19.9%。在种植业产业中，农民获取知识的主要渠道是农民田间学校；而在养殖业如生猪产业中大北农、浩邦等农资公司对村中有一定规模的农户进行入户服务，免费提供一些技术知识，以获得稳定的客户。农户比较满意公司的服务，它们是一定规模猪养殖农户获取技术信息的主要渠道之一。

在调研村，农户遇到技术问题时，49.8% 的农户选择自己解决，33% 的农户选择寻求农资供应商帮忙，29.5% 的农户选择向田间学校辅导员寻求帮助。

4.3 农民田间学校提供技术服务情况

4.3.1 技术服务满意度

在 "2009 年后田间学校是否对您提供过服务?" 问题中，有 63.7% 的农户选择了 "是"。农户对服务的满意程度调查结果表明，20.4% 的农户选择非常满意，17.0% 的农户选择满意，10.4% 的农户选择比较满意，15.9% 的农户选择基本满意，剩下 5.1% 的农户选择不满意。

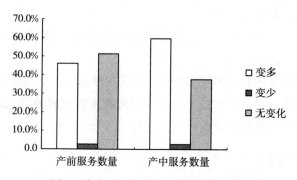

图 1　农户对田间学校服务数量的评价

4.3.2 技术服务数量

技术服务数量主要看自 2009 年以来农民田间学校提供的技术服务在产前、产中和产后数量上的变化情况。从图 1 可以看出，田间学校 2009 年以来在产前方面对农户提供的服务数量上，45.9%的农户认为变多了，2.7%的农户认为变少了，51.4%的农户认为无变化。在产中方面，59.5%的农户认为田间学校提供的服务数量变多了，2.7%的农户认为提供服务的数量变少，37.8%的农户认为提供服务的数量没有变化。

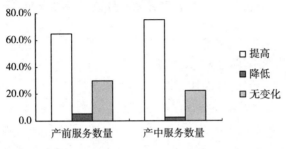

图2　农户对田间学校服务质量的评价

4.3.3　技术服务质量

从图2可以看出，田间学校2009年以来在产前方面对农户提供的服务质量上，64.9%的农户认为质量提高了，5.4%的农户认为质量降低，29.7%的农户认为无变化。在产中方面，75%的农户认为田间学校提供的服务质量提高了，2.8%的农户认为提供服务的质量降低，22.2%的农户认为提供服务的质量没有变化。

4.4　农民田间学校工作站培训组织情况

统计结果显示，果蔬产业、观赏鱼产业和食用菌产业2011年平均每个农民田间学校工作站举办培训活动30次。其中田间学校工作站站长自己集中讲课的培训活动平均7.6次，所占比重最高，为25.3%；小组讨论与交流活动平均6.1次，占20.1%；农民经验分享的培训活动平均3.9次，占12.8%；农田生态系统分析活动和观摩活动均为平均3.0次，各占10%。

从调查分析中发现，在2011年农民田间学校工作站培训活动次数方面，果蔬产业与观赏鱼产业都在37次左右；食用菌产业较少，平均9.5次。果蔬产业和食用菌产业田间学校工作站站长都是自己集中讲课的活动次数最多，平均次数分别为9.9次和2.6次；观赏鱼产业田间学校工作站小组讨论与交流的活动次数最多，平均9.9次。

4.5 培训效果

4.5.1 农民学员和辅导员的案例

农民学员：学到了技术，提高了养殖水平

冯家峪镇西白莲峪村柴蛋鸡养殖户刘文明，积极参加柴蛋鸡田间学校 为发展柴蛋鸡养殖添信心。过去那种不科学的养殖方法，收效差、效益低。虽然，到 2010 年春养鸡已有 16 年之久了，但由于养殖技术缺乏，经常发生鸡只死亡现象，鸡蛋的质量很差，小鸡的成活率低，收效不好。自从西白莲峪村的农民田间学校成立以来，在辅导员的培训指导下，掌握了从小鸡到成鸡多发病的种类，常见病的防治方法及预防措施，再加上和学员们经验交流，养殖技术明显提高了，鸡的产蛋率提高了 12%，鸡也不出现死亡现象了。他说："真是科学养殖增高产，使他大开眼界，填补了我 16 年养殖技术不足的空白，增加了养殖柴蛋鸡的信心和勇气，明年春准备再进 600 只"。

辅导员：在农民田间学校的工作中享受着快乐

杜惠玲作为顺义区农科所的一名技术人员，担任崇国庄村田间学校工作站站长两年了，他同时还负责崇国庄村西瓜农民田间学校、李桥镇吴庄村蔬菜农民田间学校和赵全营镇板桥村蔬菜农民田间学校的工作。

第一，完成农民田间学校的组织管理。2010 年认真举办 3 所农民田间学校，全年培训活动共进行 36 次，其中农民专题讨论与辅导 24 次，团队建设及游戏活动 6 次，试验示范田实操与观察研究 6 次，知识水平测试 6 次，组织镇、村农民观摩交流 3 次，解决技术问题 6 个，推广或传播实用技术 3 项、新品种 6 个。每村培养村级科技示范户和土专家各 1 名。

第二，上报反馈生产信息。多次进行工作交流汇报，及时向综合试验站反馈农民对蔬菜生产、技术等方面的需求信息两篇，及时总结典型经验，上报工作动态十余次。

第三，加强对示范户的选择与指导。崇国庄村主要种植模式为上茬西瓜、下茬番茄，每年困扰学员的是番茄品种的选择，对品种选择很盲目，不知道种什么品种好，有的道听途说的，有的选菜籽店推荐的，但总感觉心里没底。2010年顺义区李遂镇崇国庄村田间学校工作站，积极开展各项工作，认真选定示范户开展果类蔬菜新品种示范工作。示范户孟庆春家大棚示范展示了秋展16、彩虹3号、天则1号、雅粉、618、硬粉8号和868共7个番茄品种。这位辅导员说："由于今年番茄黄化曲叶病毒病传播流行较快，我对番茄黄化曲叶病毒病的防治非常重视，年初对学员进行了番茄黄化曲叶病毒病专题培训，又分别在品种选择、培育壮苗、定植前准备及定植后的管理等各关键时期对学员进行栽培技术指导的同时，加强番茄黄化曲叶病毒病的防治技术指导，对示范户更是重点指导，并投入了黄板、新品种等物资。结果崇国庄村番茄黄化曲叶病毒病的发病率很低，只有零星发生，产量普遍提高。"示范户孟庆春也成为崇国庄村的高产典型。孟庆春高兴地说："有科技护航，才有果红秧壮。""看着学员的笑脸，我也在农民田间学校的工作中享受着快乐"。

4.5.2 一个白菜农民田间学校的培训效果

4.5.2.1 农民知识技能水平提高

通过对一个农民田间学校的 22 名农民学员开展 BBT 测试分析发现，训前 BBT 测试学员平均分 62 分，及格率 66.7%；训后 BBT 测试，学员平均分 78 分，及格率 98.2%。训前与训后平均成绩比较，学员的知识技能水平提高了 25.8%，见图 3。

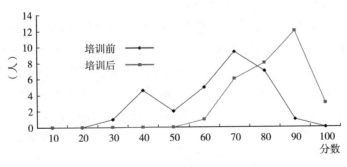

图 3　BBT 成绩频次分布图

4.5.2.2 农药施用量减少，成本下降

通过对农民学员 22 名、非学员农民 10 名进行有无比较发现，农民学员比非学员在农药使用量上明显降低，农药成本显著下降。调查发现，学员的用药次数和用药量得以降低。在白菜生产过程中，主要的防治对象为地老虎、蚜虫、菜蛾、白粉虱、菜青虫、软腐病。所使用的农药主要有速灭杀丁、农用链霉素、吡虫啉、甲维盐、功夫等药剂。培训户与非培训户比较：农药使用次数平均减少 3.2 次，农药使用量减少 47.9%，防治成本下降 52.3%，见图 4 和表 1。

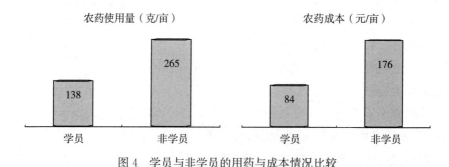

农药使用量（克/亩）　　　　　　　　农药成本（元/亩）

图 4　学员与非学员的用药与成本情况比较

表 1　学员与非学员的农药使用情况

农药使用	学员	非学员	增减	增减幅度
使用次数（次）	3.2	5.8	-2.6	-44.8%
农药使用量（克/亩）	138	265	-127	-47.9%
农药成本（元/亩）	84	176	-92	-52.3%

4.5.2.3 化肥施用量减少，成本下降

在使用肥料方面，非学员农民通常采用两次施肥，即定植期撒施复合肥 75~100 千克，生长期追施尿素 25~50 千克，少数农户在育苗床上使用复合肥 10~15 千克。平均计算，非培训农民使用化学肥料 110 千克/亩，肥料费用为 390 元。田间学校的学员在整地时使用了 4 立方米有机肥，化学肥料使用平均亩用量为 60 千克。学员比非学员亩化肥施用量减少 50 千克。因为多数农户的有机肥为自产，按每立方米 30 元折算成本，学员肥料使用成本为 340 元，成本较非培训户减少 50 元，见图 5 和表 2。

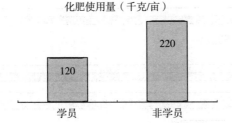

图 5　学员与非学员的化肥使用情况比较

表 2　学员与非学员的化肥使用情况

肥料使用	学员	非学员	增减	增减幅度
有机肥（立方米）	4	0	4	
化肥（千克）	120	220	−100	−45.5%
肥料成本（元）	340	390	−50	−12.8%

4.5.2.4　产量增加

被调查学员 2010 年白菜平均亩产 4 875 千克，2011 年平均亩产 6 150 千克，较去年增产 1 275 千克，平均增幅为 26.2%。2011 年培训户平均亩产 6 150 千克，非培训户平均亩产 5 300 千克，增产 850 千克，增幅 16%，见表 3。

表 3　学员与非学员的产量与效益对比

年份	白菜亩产量（千克/亩）		增产（千克/亩）	增幅
	学员	非学员		
2010 年	4 875	4 875		
2011 年	6 150	5 300		
2011 年比 2010 年实际增加	1 275	425	850	16%

4.5.2.5　农民自我决策能力和合作意识增强

调查发现，经过培训的农民通过自己在田间进行观察并自己做出防治病虫害决策和与其他农民讨论的人员数量远远高于非学员（图 6）。

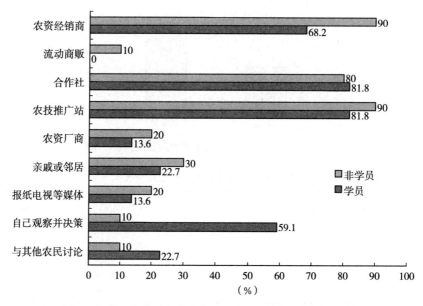

图6 学员、非学员在病虫害发生与防治时信息与决策比较

5 结论

（1）农民田间学校活动日一般为12次以上，学员对所参加的培训活动的评价都在基本满意以上。

（2）农民获取知识的主要渠道是农民田间学校，在种植业上表现尤为突出。

（3）50％以上的学员认为农民田间学校所提供的技术服务在数量和质量上均有提高。

（4）农民田间学校提高了农技人员的服务意识和工作能力。

（5）农民田间学校使农民的知识技能有比较明显的提高。

（6）农民田间学校有助于农民在生产过程中减少农药化肥的施用量，实现降低成本和保护环境的目标。

（7）农民田间学校的培训有助于农民发现问题、分析问题和自我解决问题的能力提高。在病虫害的防治方面，与其他农民讨论共同寻求解决方法的合作意识增强。

　　国际农业与农村发展的研究结果表明，相对于过去自上而下的培训模式来说，农民田间学校是一种全新的有效的农业推广模式和农民培训模式。这种模式在中国可行吗？农民田间学校在中国的建设和发展过程中有哪些特点、经验值得总结？《中国农民田间学校》试图通过对农民田间学校的起源以及后来在全世界各国的发展脉络的追溯，在此基础上，通过梳理和总结农民田间学校在中国的引入、建设与发展的整体过程和实践经验对上述问题做出回答。同时，编者也想通过这集丛书的出版，使农民田间学校在中国更加的本土化，从而为进一步推动中国农村人力资源开发、农业推广改革和新型职业农民的培育做出努力。

　　对于有兴趣从事农业推广和农民培训的管理者、研究者和农业推广实践工作者和农民教育与培训的专业人员来说，从基本概念和管理思路的梳理总结的视角上，《中国农民田间学校》可以作为一套教材辅助文本。从编写体例和内容的视角上，《中国农民田间学校》应该是一套了解和实践农民田间学校不可或缺的重要参考文献。

　　《中国农民田间学校》是一套丛书，共分为四本，包括《中国农民田间学校：起源与发展》《中国农民田间学校：北京模式》《中国农民田间学校：活动日记录》和《中国农民田间学校：需求与效果评估》。《中国农民田间学校》这一套系列丛书既有国际背景的说明，也有中国政府推动农业推广体系改革和发展农民教育与培训的政策描述；既有国际和国内推广培训的历史沿革与发展的描述，也有诸如北京模式的成功经验的详细介绍；既有开办农民田间学校的具体实际操作程序与步骤的记录，也有需求调研及培训评估的调研方法的案例阐述。

第一册《中国农民田间学校：起源与发展》。农民田间学校虽然不是中国的创造，相比之下，比起其他国家来，引入中国的时间也比较晚。但是，在农业部的大力支持下，在政府相关部门的努力下，利用比较短的时间，创造出了具有中国特色并在国际上具有一定影响力的农民田间学校的建设与发展的中国模式。农民田间学校在中国的建设与发展，不仅使得我们发现了一种有效的推广培训方法，同时也使得我国的推广人员的素质有了显著提高。本书从农民田间学校的基本概念谈起，讨论了农民田间学校的起源以及后来在世界各国的发展概况。在基本概念讨论的基础上，将中国农民田间学校的起源与发展分为两个部分介绍。第一部分介绍了农民田间学校以国际项目的模式在中国的引入、发展以及影响力；第二部分以北京模式为主线，介绍了农民田间学校在中国的建设与发展历程和基本经验。在书后面本书编者搜集整理的附件中，记载了媒体对农民田间学校的综合报道以及各地开展农民田间学校的经验与体会。

第二册《中国农民田间学校：北京模式》。本书系统介绍了农民田间学校北京模式建设的背景、特点、建设过程和效果与影响。相比于国际项目模式，政府推动下所开展的农民田间学校在北京的建设与发展更具有中国特色。北京模式将农民田间学校这一国际上先进的推广和培训方法本土化，使之成为一个系统的管理模式，从理念、形式和内容上使农业推广和农民培训科学化和规范化，为爱农业、懂技术、会管理的新型职业农民的培育创出了一条新路。本书在介绍北京农民田间学校的建设背景与发展历程之后，集中讨论了北京模式的组织管理模式、北京农民田间学校的运行特点，归纳总结了北京农民田间学校取得的经验、效果及其在国内外的影响。本书的最后附上了农民田间学校辅导员在开办农民田间学校过程中的一些体会，管理者在管理上的具体做法和基本数据。

第三册《中国农民田间学校：活动日记录》。在明确基本理念和发展途径以后，农民田间学校作为一种全新的推广培训方法究竟怎样落实？农民田间学校作为一种日常的培训活动如何组织和开展？本书选择了北京农民田间学校，分别以种植业和养殖业为主要内容，将辅导员所安排的活动日程序和整个开办过程以记录的形式展现给读者，以期使读者获得对农民田间学校具体开办程序和方式方法的具体了解。为了做到真实的原汁原味地再现当初的实况，本书的编者将原始的资料稍加整理后呈现给读者。同时，出于与读者平等讨论的目的，在每一节的后面，又加上了专家点评，这样会使得读者能够体会辅导员在具体操作方法上其实存在着更广阔的空间和更多选择的可能性。

第四册《中国农民田间学校：需求与效果评估》。需求调研与效果评估是农业推广和农民培训规范化不可或缺的重点环节。长期以来，在我国的农业推广和农民培训的运行中，需求调研和效果评估一直是整个链条中的一个缺失和短板。如何科学化地规范和完善我国的农业推广和农民培训的运作程序，本书为此做了一点抛砖引玉的尝试。本书是一本记录和汇编，反映在一个阶段内围绕农民田间学校北京模式建设的前后所做的调研与评估工作的报告。作为《中国农民田间学校》的系列丛书之一，作者的本意是想通过这种报告汇编的形式，再现参与式理念和农民田间学校引入和发展过程，向读者传达一种以农民为中心，以需求为导向的参与式理念和简单的调研评估方法。出于篇幅的考虑，本书选编了七份报告，并且每份报告都做了适当的剪裁。这七份报告分别为：报告一：《北京市农村社区发展基线调研报告》。报告二：《北京市农业生产发展农民需求调研报告》。报告三：《求贤村社会主义新农村建设农民需求调研报告》。报告四：《农民田间学校农民需求调研报告》。报告五:《农民培训过程分阶段系统化评估方法研究报告》。报告六:《农民培训模式分阶段系统比较评估报告》。报告七:《农民田间学校培训效果评估报告》。